時間の日本史

日本人はいかに「時」を創ってきたのか

佐々木 勝浩
井上 毅
広田 雅将
細川 瑞彦
藤沢 健太

小学館

時間意識の芽生え

古代日本において「時」の役割が意識され、日本独自の「時」の文化が形成されてゆく

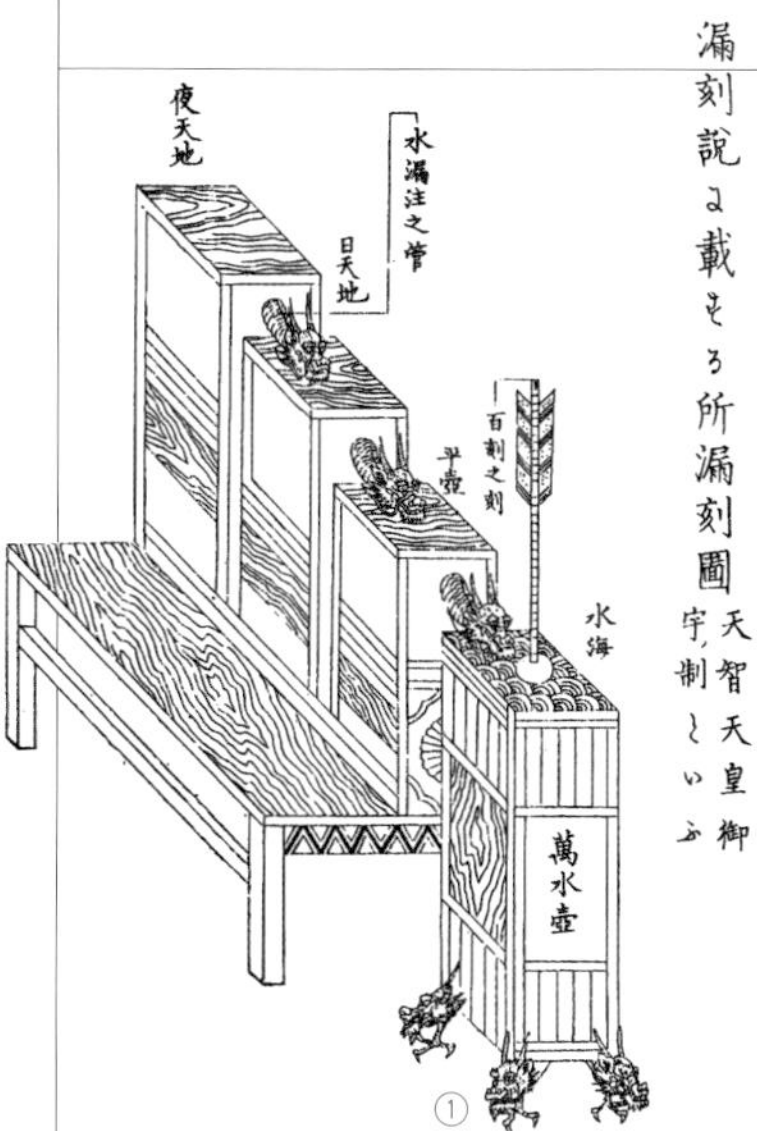

①

④

②

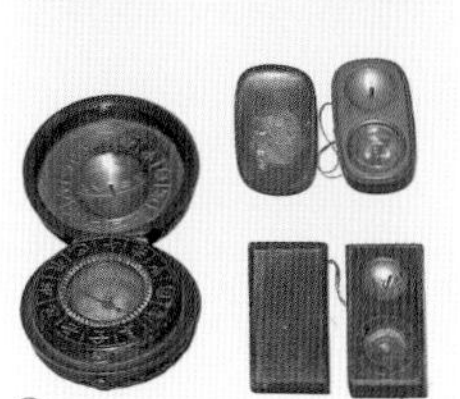
③

①〜②

大陸の知識や技術を導入して作られた日本最古の時計「漏刻」

古来、人は自然や物質が一定に変化する現象を利用して時を計った。人類最初の時計は、太陽の影で時を計る日時計である。やがて人は水の流れに目を向け、曇りの日や夜間でも時が計れる水時計を作った。日本最古として知られるのは、中大兄皇子(後の天智天皇)が作った水時計(漏刻)である。

① 天智天皇の漏刻図
② 奈良県・明日香村で見つかった漏刻の遺構「飛鳥水落遺跡」(画像提供：奈良文化財研究所)

③〜④

旅行や仏教行事ほか社会生活において必需品となった時計

日時計から出発し、水時計、火時計へと広がった時計作りは、やがて日本独自の「時」の文化を形成した。旅行が盛んに行われた江戸時代には携帯用日時計が、香を焚く習慣のある仏教寺院などでは香時計が用いられた。行動を時間で管理するという習慣が定着し、時計は社会生活上必需品となった。

③ 様々な携帯用日時計(画像提供：国立科学博物館)
④ 寺院などで使われた香時計「常香盤」(同)

⑥

⑤

始まり

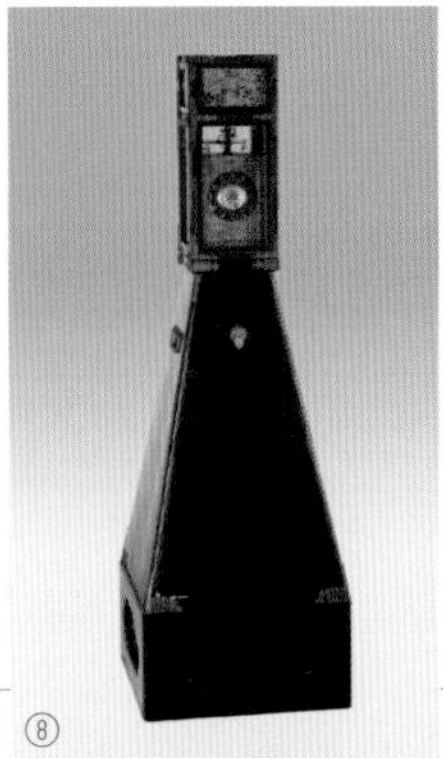

⑧

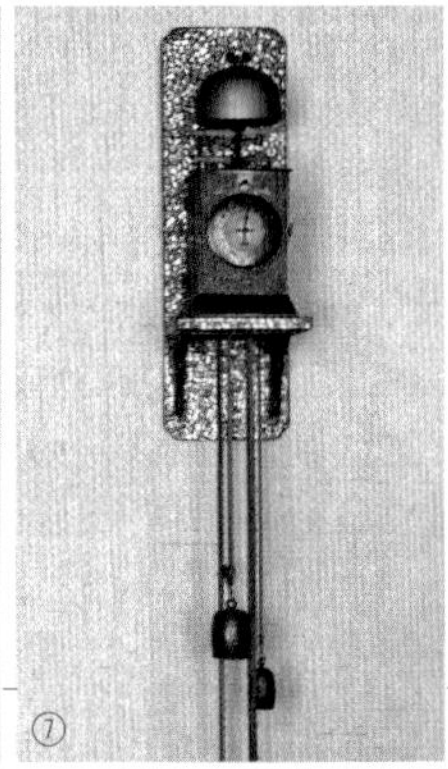

⑦

⑩

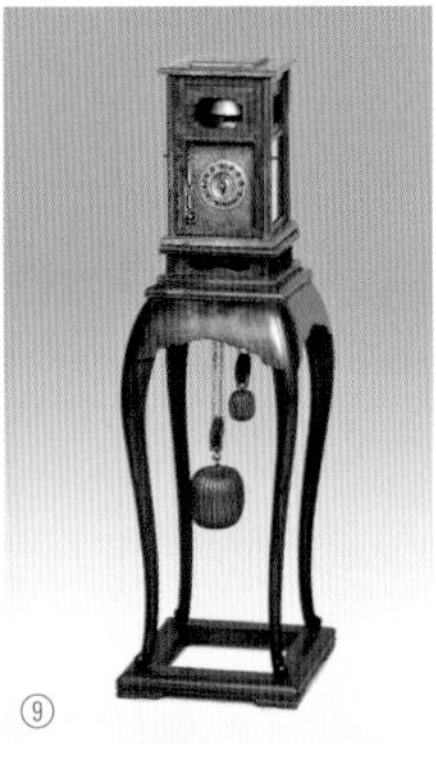

⑨

⑤〜⑩

文化の豊かさを映した、多種多彩な和時計

江戸時代の日本では、季節によって昼と夜の長さが変わる不定時法の時刻が使われていた。時計師たちは、西洋式の機械時計を改造して、不定時法に対応する日本独自の「和時計」を作り上げた。和時計は高価で大名や裕福な商人しか持てず、大名時計とも呼ばれ、精緻で華やかな装飾が施された。

⑤「忠臣蔵八景 二だん目の晩鐘」三代目 歌川豊国作 ⑥「五行和歌 定家卿」錦朝楼芳虎作 ⑦掛け時計 ⑧櫓時計 ⑨台時計 ⑩枕時計（画像提供：⑤〜⑥セイコーミュージアム、⑦〜⑩国立科学博物館）

⑫

⑪

日本独自の機械式時計作りの

西洋から伝来した機械式時計は、江戸時代には日本の時計師の手により和時計へと姿を変えた

⑯

⑬

⑰

⑭

⑱

⑮

⑪〜⑱

〝東洋のエジソン〟こと田中久重による和時計の最高傑作「万年時計」（重要文化財）

田中久重が約１年の歳月をかけて１８５１年に完成させた「万年時計」。時に関するあらゆる要素を盛り込み、螺鈿、七宝、蒔絵、彫金などで装飾され、工芸作品としても注目される。

⑪ 株式会社東芝出品、国立科学博物館地球館展示
⑫ 京都から見た太陽と月の動きを表す天球儀
⑬ 割駒式文字盤 ⑭ 二十四節気 ⑮ 十干十二支暦
⑯ 七曜 ⑰ 月齢と月の満ち欠け表示 ⑱ 西洋時刻表示
（画像提供：⑪、⑬〜⑱ 株式会社東芝、⑫ 国立科学博物館）

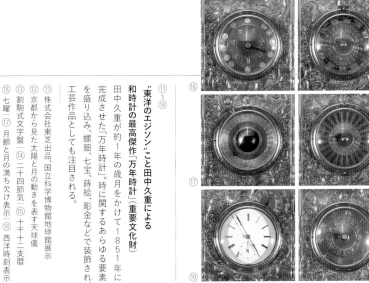

識を激変させた定時法の導入

24時間制の「定時法」が導入され、「時・分・秒」の概念がもたらされた

⑲ **突然の改暦と、混乱する人々**

１８７２年、布告から施行までわずか23日という短い期間で明治の改暦が行われ、これに合わせて西洋式の時刻制度である定時法が導入された。明治時代の浮世絵師・古林進斎は、定時法を刻む八角時計にもてあそばれるかのように、強引な政策に混乱する当時の人々の姿を描いた風刺画「うきよはんじょう穴さがし」を残している。（画像提供：セイコーミュージアム）

⑳ **「時の記念日」の誕生**

第１回「時の記念日」の実施を祝い、東京教育博物館前で一斉に風船を飛ばす人々。１９２０年６月10日正午に、新しい単位である「秒」のカウントダウンに合わせて行われたこのイベントは、新時代の幕開けを象徴する出来事となった。

⑳

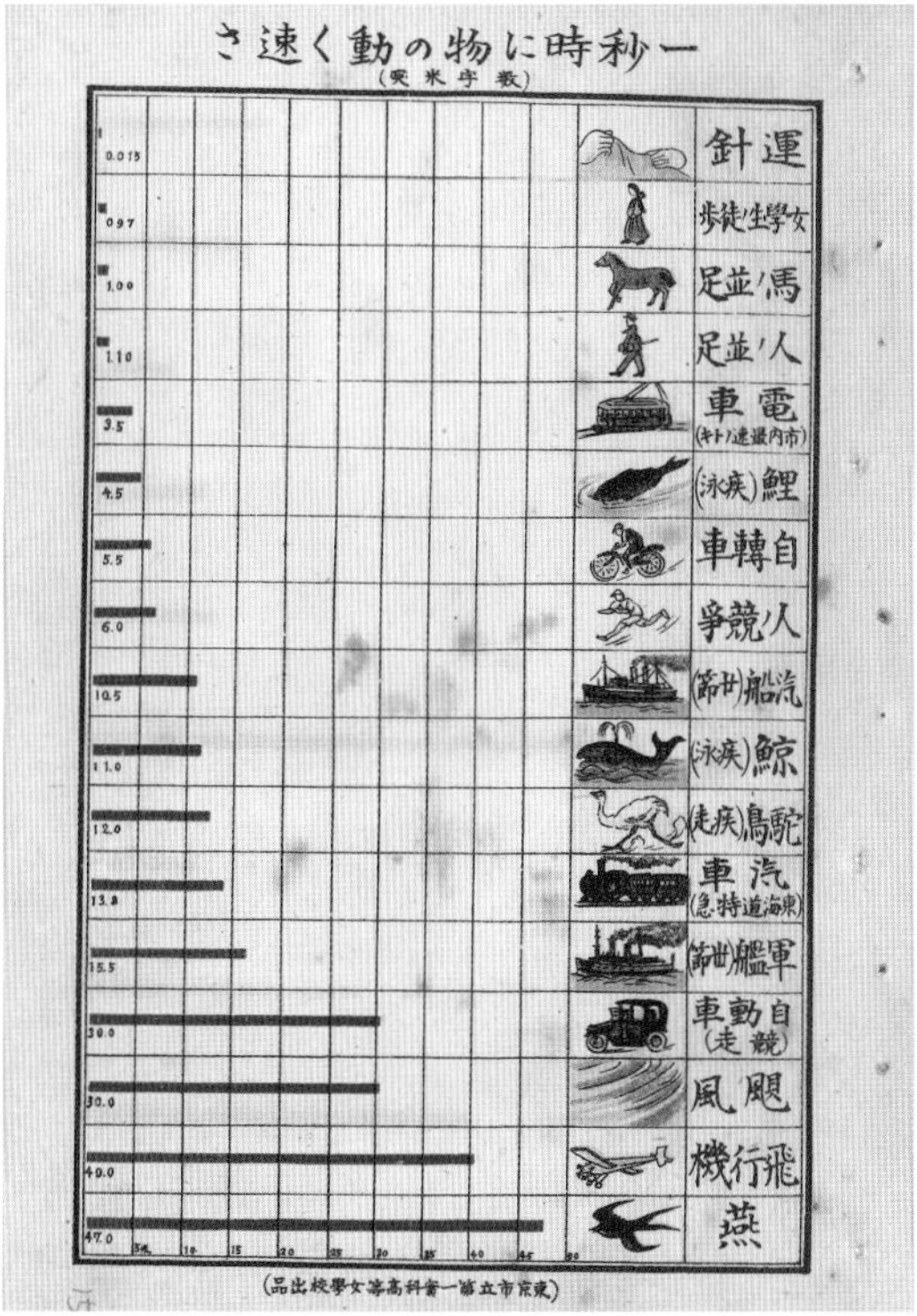

㉑

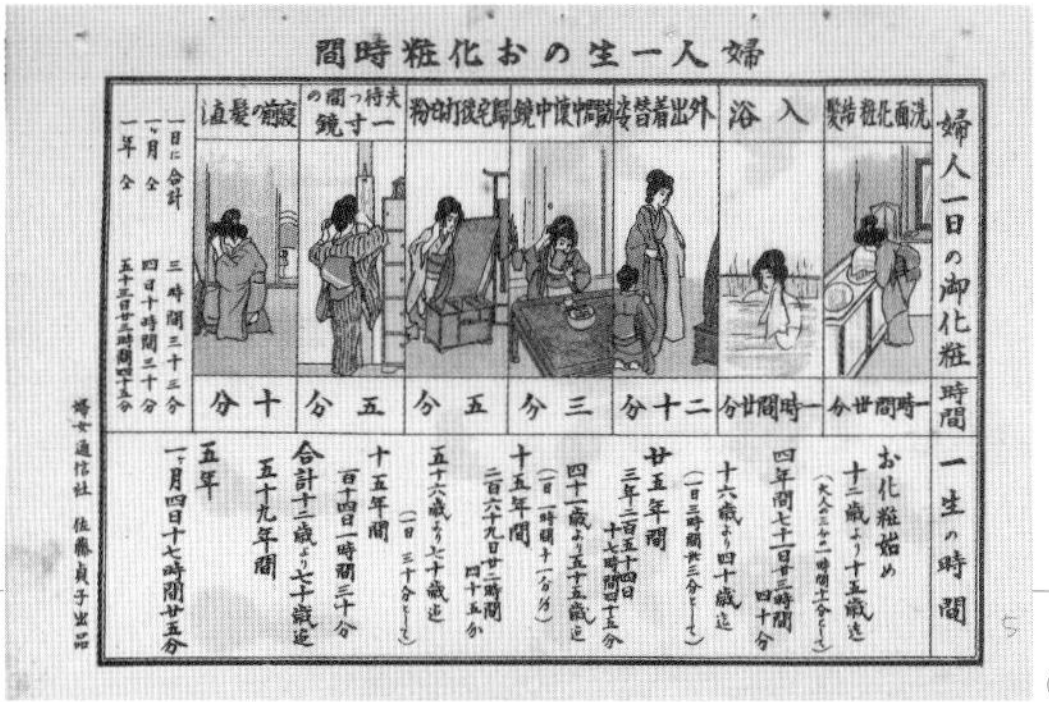

㉒

㉓

⑲

時 間 意

㉑〜㉓

大正時代に行われた「『時』展覧会」の展示パネル

人々に新しい時間の概念を伝えるために企画された『時』展覧会」。人々にとって身近な話題をユーモラスに描いたパネルなどが展示された。

㉑「1秒時に物の動く速さ」（東京市立第一実科高等女学校出品）
㉒「婦人一生のお化粧時間」（婦女通信社 佐藤貞子出品）
㉓「日本全国晩春の気候」（中央気象台出品）

㉔

㉕

㉖

㉗

㉔

庶民に正午を知らせた「正午号砲（午砲）」

号砲は大砲の空砲を鳴らす報時方法であり、正午を知らせる正午号砲（午砲）はその音から庶民に「ドン」と呼ばれて親しまれた。日本では１８７０年に兵部省が正確な軍務遂行のために採用したのがその始まりであり、正午のサイレンが浸透する昭和のはじめまで日本各地で行われた。

㉕〜㉗

近代的な時計産業の興隆

新しい時間の概念が根付き、時間の価値が増していく時代のなかで萌芽したのが国内の時計産業だ。当時、機械式時計は輸入に依存していたため非常に高額であったが、やがて国内製造が始まったことで手の届きやすい存在へと変わっていった。

㉕大阪時計の店頭ディスプレイ｜㉖掛け時計
㉗懐中時計（㉕〜㉗、画像提供：石原時計店）

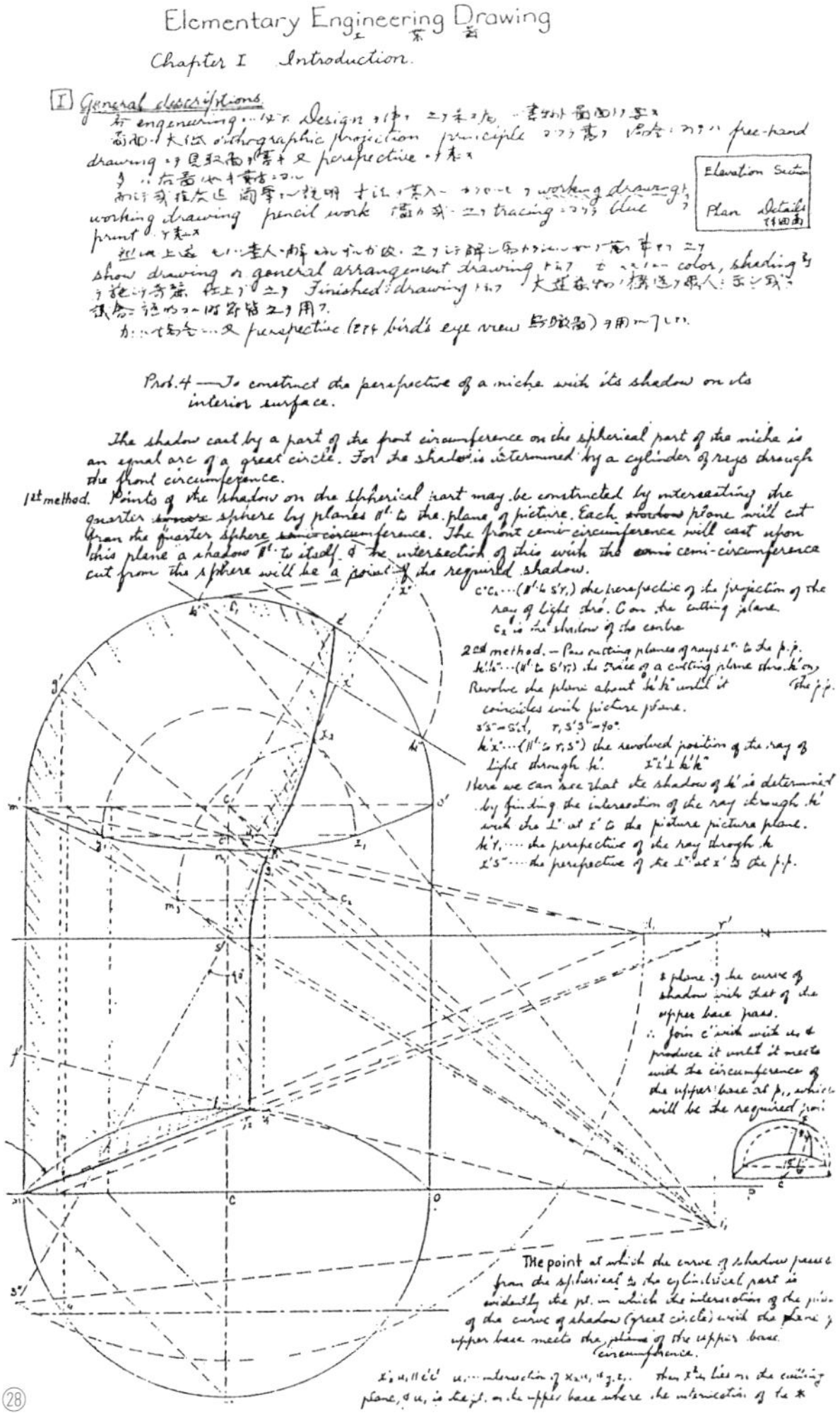

Elementary Engineering Drawing
Chapter I Introduction.
General descriptions
Prob. 4 — To construct the perspective of a niche with its shadow on its interior surface.
The shadow cast by a part of the front circumference on the spherical part of the niche is an equal arc of a great circle. For the shadow is determined by a cylinder of rays through the front circumference.
1st method. Points of the shadow on the spherical part may be constructed by intersecting the quarter sphere by planes ∥' to the plane of picture. Each plane will cut from the quarter sphere semi-circumference. The front semi-circumference will cast upon this plane a shadow ∥' to itself & the intersection of this with the semi-circumference cut from the sphere will be a point of the required shadow.

㉘〜㉙ 世界を変える水晶振動子の実用化

現代社会を支える技術として欠かせない水晶振動子。そのフロンティアが、日本人の古賀逸策だ。古賀の業績は、後に日本が世界に大きな影響を与えたクオーツ式時計開発の原点でもある。

㉘ 水晶の切り出し方を記した古賀逸策の学生時代のノート（画像提供：東京工業大学博物館）

㉙ 古賀式水晶時計第1号の水晶時計の表示部

㉚〜㉛ 天文観測で必要とされる正確な時計

古くより時刻の決定や暦の編纂において天文観測が発展した。子午儀で星の南中を観測し、中央標準時の決定と報時業務を担った東京天文台では、開設当初にはドイツ製の機械式時計が、1952年からはアメリカ製の水晶時計が導入された。

㉚ 1888年の開設当初の東京天文台

㉛ 東京天文台で使われたアメリカ製の水晶時計

時計生産大国へ

時計の文化が根付いた近代以降、
日本の時計製造技術は
飛躍的に進歩した

グランドセイコー

㉜ 国産腕時計を世界レベルへ押し上げた「グランドセイコー」

明治時代から時計の量産体制を整え、大正期に国産初の腕時計を作り、昭和に世界初の量産型クオーツ式腕時計を発売するなど、日本における時計製造の近代化を牽引したのがセイコーである。スイス製が高級腕時計の代名詞の時代だった1960年には、スイスの上位規格と同一の性能を備える「グランドセイコー」を発表。メイド・イン・ジャパン品質の確立に貢献するものづくりを先駆的に行い、世界の名だたる高級時計ブランドと肩を並べるまでの成長を遂げた。

㉜

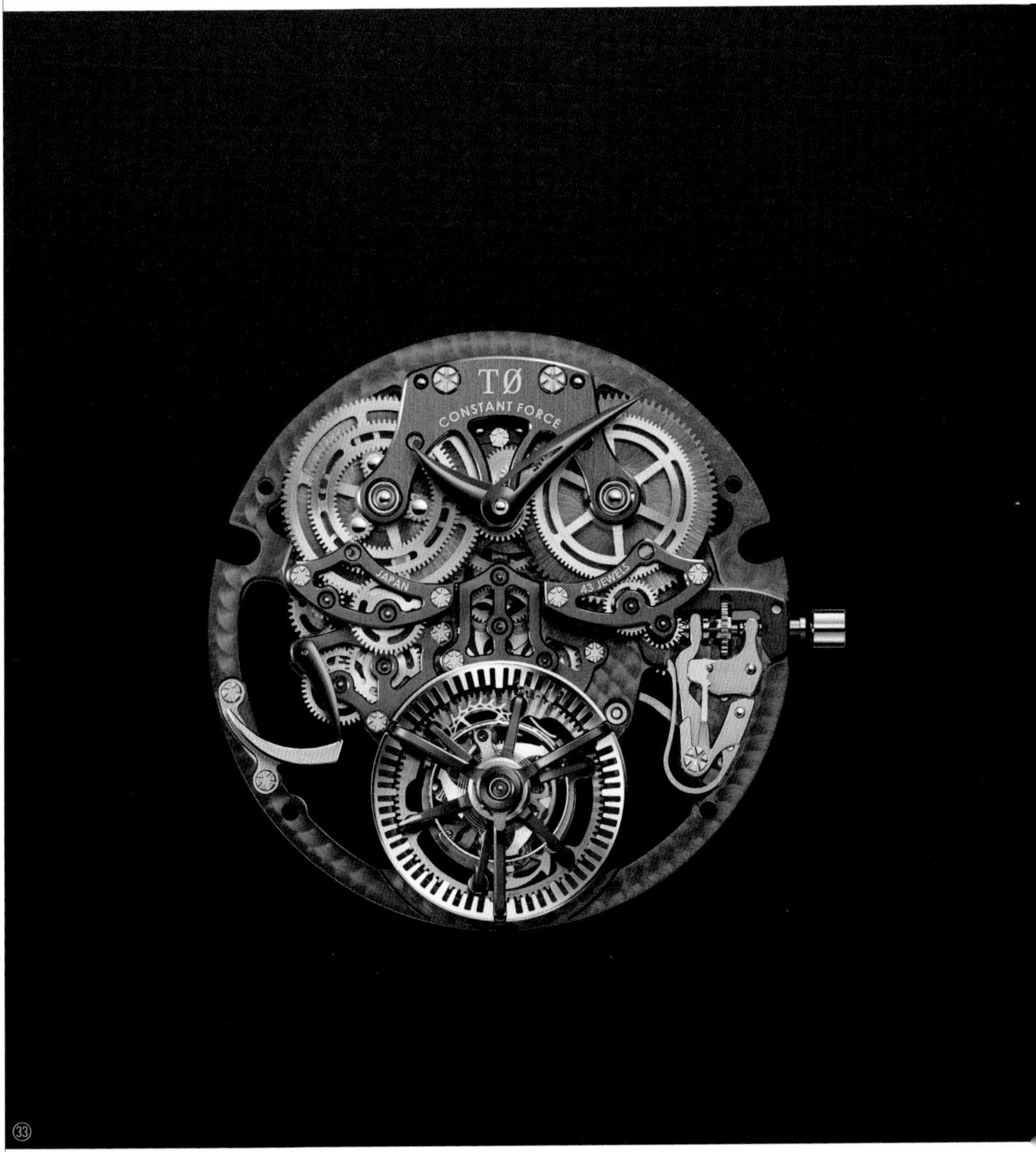

㉝

㉝ **漸進主義を伝えるコンセプトモデル「T0（ティー・ゼロ）コンスタントフォース・トゥールビヨン」**

グランドセイコーは2020年、高い精度を実現する機械式時計のコンセプトモデルを開発した。これは主ぜんまいの解ける力を一定にするための「コンスタントフォース」と、姿勢差を解消する「トゥールビヨン」という複雑なふたつの機構を一体化させた、世界でも初の機構である。世界屈指の職人たちが挑んできた偉業を成し遂げたグランドセイコーの、未来へ向けた姿勢を示す存在である。

㉞ **ブランドフィロソフィーを体現する「グランドセイコースタジオ 雫石」**

2020年に設立された、グランドセイコーの機械式時計製造を行う新拠点。東北・岩手の豊かな自然を感じられる木造建築は、建築家・隈 研吾の設計。時計が広く普及し、また多くの人に正しい時間を届ける役割が果たされた今、グランドセイコーは腕時計の新たな価値観の構築に取り組む。「THE NATURE OF TIME」をブランドフィロソフィーに掲げ、時計製造を通じて世界に日本独自の美意識を伝えている。

㉞

㉟

シチズン

㉟ **技術立社たるシチズンのテクノロジーの集大成**
「ザ・シチズン」

日本の時計産業の黎明期に創業したシチズン。「市民に愛されるものづくり」を第一義に掲げ、様々な最先端技術を取り込んできた。2019年に発表された「ザ・シチズン」は、光を透過する文字盤の下層に光発電のソーラーセルを重ね、さらに年差±1秒という、発表当時における世界最高精度を記録した自律型クオーツムーブメント「キャリバー0100」を搭載する。ケースには独自素材の「スーパーチタニウム™」を採用。

㊱ **世界初のチタニウムケース腕時計**
「X-8クロノメーター」

軽くて錆びにくく、金属アレルギーを起こしにくい素材であるチタニウムをいち早く腕時計に採用したのはシチズンである。同社は1960年代よりチタニウムの成形技術に関する研究に着手し、1970年に世界で初めて腕時計のケース素材として発表した。

㊲ **世界初のアナログクオーツ式太陽電池時計**
「クリストロンソーラーセル」

クオーツ腕時計の普及をふまえ、世界に先駆けて

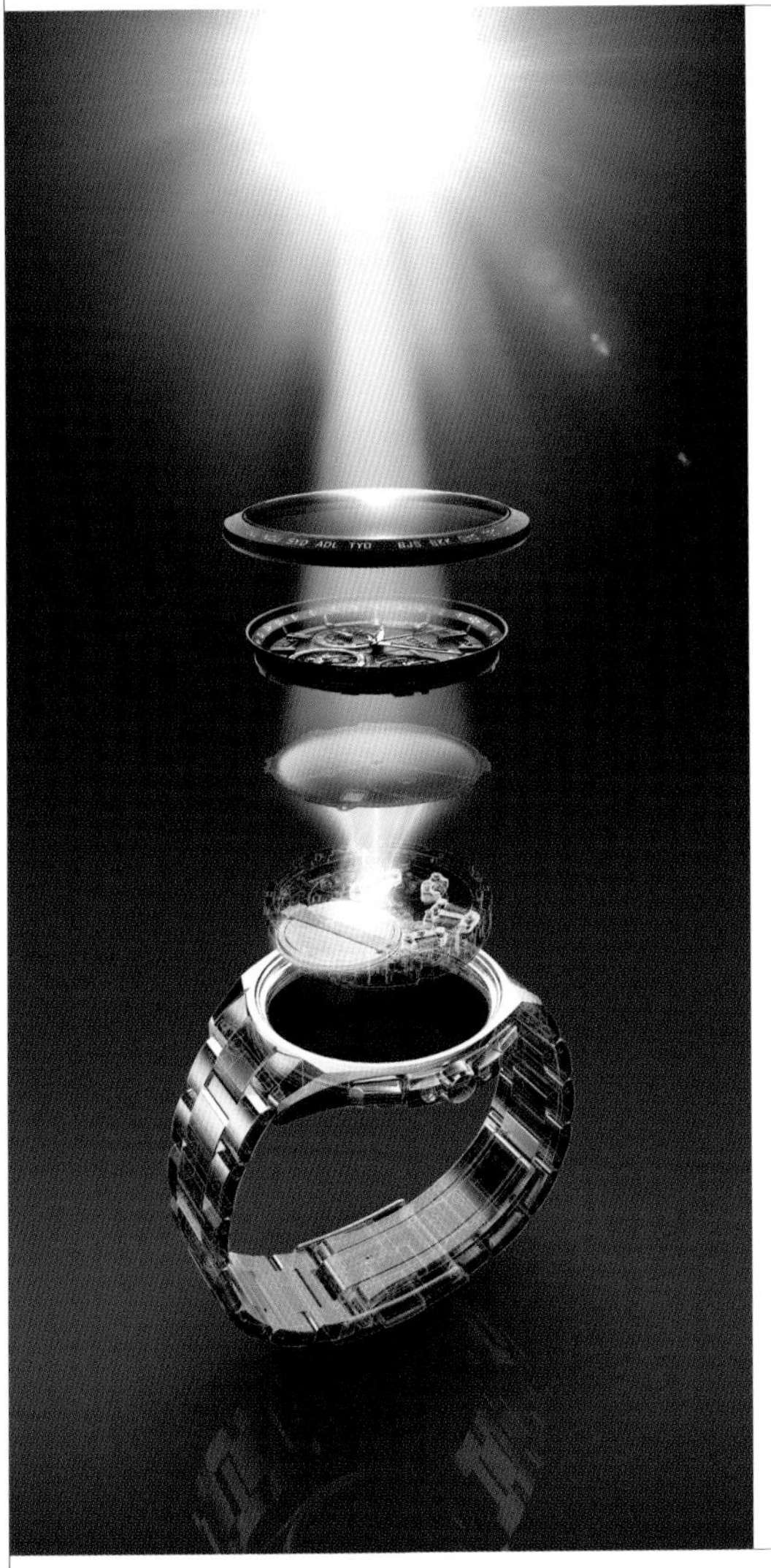

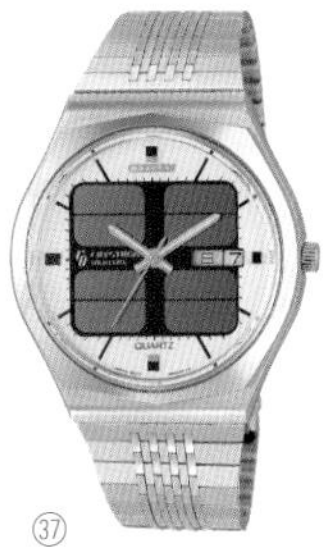

㊲

㊱

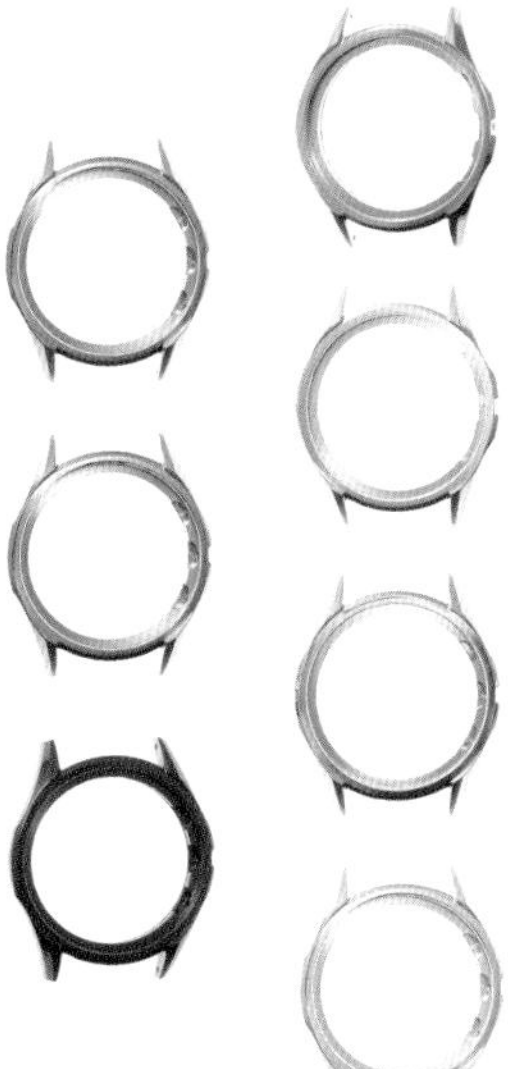

㊳

光発電腕時計の開発に取り組んでいたシチズン。第１次オイルショックを受けて省エネルギーや省資源への機運が高まっていた１９７６年にその完成を発表し、世界からも高く評価された。

㊳
素材加工の可能性を切り拓いた「スーパーチタニウム™」

優れた特性から宇宙用素材として注目を集めていたチタニウムを時計ケースへ成形することに成功したシチズン。審美面や耐傷性を高めてより実用的にするために、独自の表面硬化技術「デュラテクト」を開発した。この技術を施した「スーパーチタニウム™」は従来のステンレススティールの5倍以上の硬さを備え、また豊かな色調表現も可能となった。軽くて強いという点から、２０２２年に月面着陸する予定の、宇宙船のパーツの素材にも選ばれた。

㊴
シチズン独自の光発電技術「エコ・ドライブ」

文字盤を透過した光が下層のソーラーセルで電気エネルギーに変換され、ＩＣの指令により駆動エネルギーとなって時計を動かし、余剰分は二次電池に蓄えられる。日常のわずかな光でも効率的に取り込み、最大で約半年の長時間における駆動を実現したのがシチズンの光発電技術「エコ・ドライブ」である。世界に先駆けて開発されたこの仕組みは１９８６年に確立され、１９９６年には腕時計で初めてエコマークを取得している。

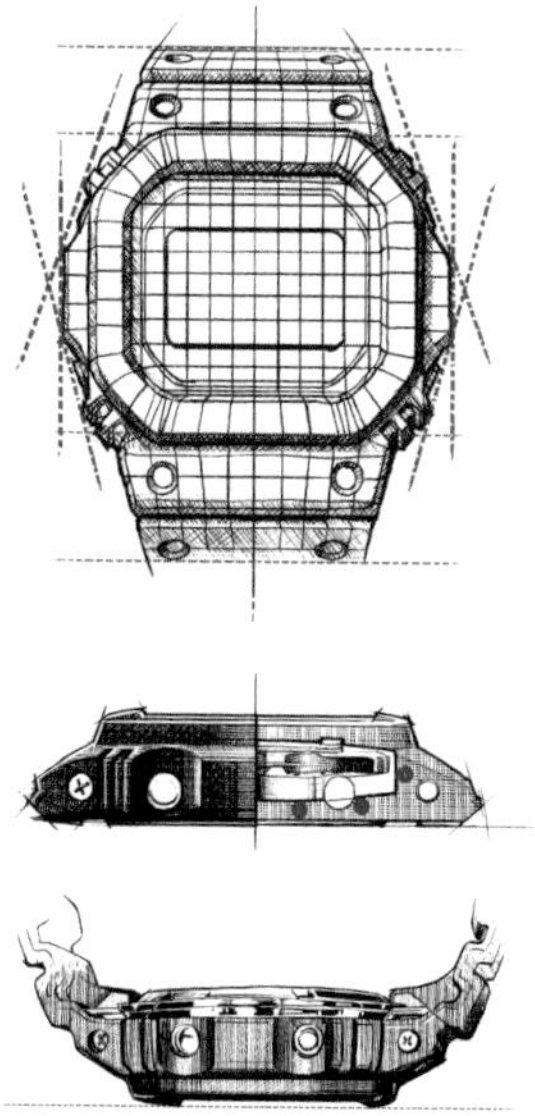

㊵

Gショック

㊵ “強さ”を追求した「Gショック」

誕生コンセプトは「落としても壊れない丈夫な時計」。カシオ計算機が1983年に「Gショック」を発表するまで、時計は慎重に取り扱うべき精密機器だった。Gショックはその常識を覆し、壊れにくい腕時計という新しい価値を打ち立てた腕時計だった。使いやすさを重視した樹脂製ケースのデジタル

㊷

ウォッチ、また優れたコストパフォーマンスという点から若い世代を中心に世界中で支持を集め、累計出荷数は発売から約35年で1億本を突破した。

㊶

非時計専門メーカーだからこその柔軟な発想が生み出したデザインコンセプト

個性的な四角いフォルムに、突出したベゼル。これらの形状デザインは、落下時などの外部からの衝撃伝達を最大限に緩和するために計算されたものである。初期のGショックに軽量な樹脂製ケースが採用された理由も、落下時の衝撃を抑えるためであった。本体の内部はウレタンで全面がカバーされ、心臓部であるモジュールはゴムパッキンの点で支えてケース内で浮遊させる中空構造が採用されている。これは形状の違う派生モデルにも共通している。

㊷

デザインはそのままに進化し続けるロングセラーモデル

落下時の耐衝撃性を考慮して軽量な樹脂素材をケースに採用してきたGショック。発売から約35年後、そのラインナップへステンレススティール製モデルが追加された。このフルメタル化は従来のカジュアルテイストに高級感を加えた試みであった一方、軽量でなければ耐えられなかった衝撃構造が進化を遂げた証しであった。また形状はそのままに、太陽光充電や標準電波受信による自動時刻修正、Bluetooth接続など先進機能が盛り込まれていった。

が　る

㊸

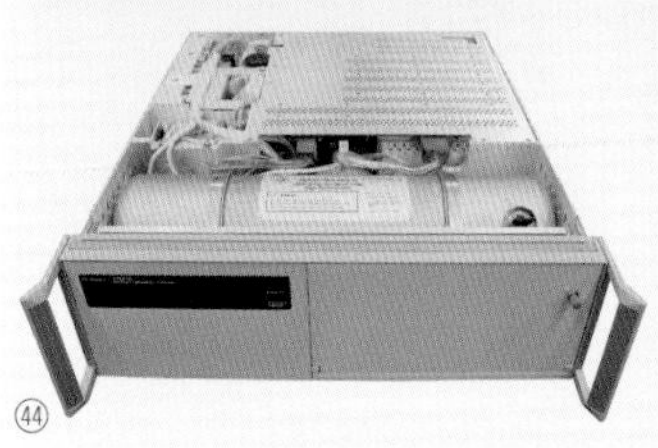

㊹

㊺

㊻

㊸
日本標準時を司る場所、
国立研究開発法人 情報通信研究機構（ＮＩＣＴ）
日本の標準時は、東経１３５度の子午線に対応する協定世界時＋９時間に統一されている。この大本を１９７２年より維持管理しているのが、東京都小金井市にある国立研究開発法人 情報通信研究機構（ＮＩＣＴ）だ。ＮＩＣＴが通報する標準時は、インターネットや電波時計、各種時報サービスなどの基準源として人々の暮らしに深く根差している。うるう秒が調整される日には、通常の時計では表示されない60秒表示を見るために建物前へ多くの人が集まる。（画像提供：国立研究開発法人 情報通信研究機構）

㊹〜㊺
セシウム原子時計の市販品（左）と、
ＮＩＣＴで開発された一次周波数標準器（右）
標準時とは、時間が世界の誰でも共通に使えるように、人が時間に目盛りを刻んだものである。この目盛りはかつて天文観測によって定められていたが、１９６７年よりセシウム原子時計の周波数に基づくものへと改定された。ＮＩＣＴ本部は現在セシウム原子時計18台以上を有し、その平均値から日本標準時を生成している。また世界中でも十数台と数の少ない超高精度な一次周波数標準器で標準時を校正し、正確な時間を日本中へと届けている。（画像提供：国立研究開発法人 情報通信研究機構）

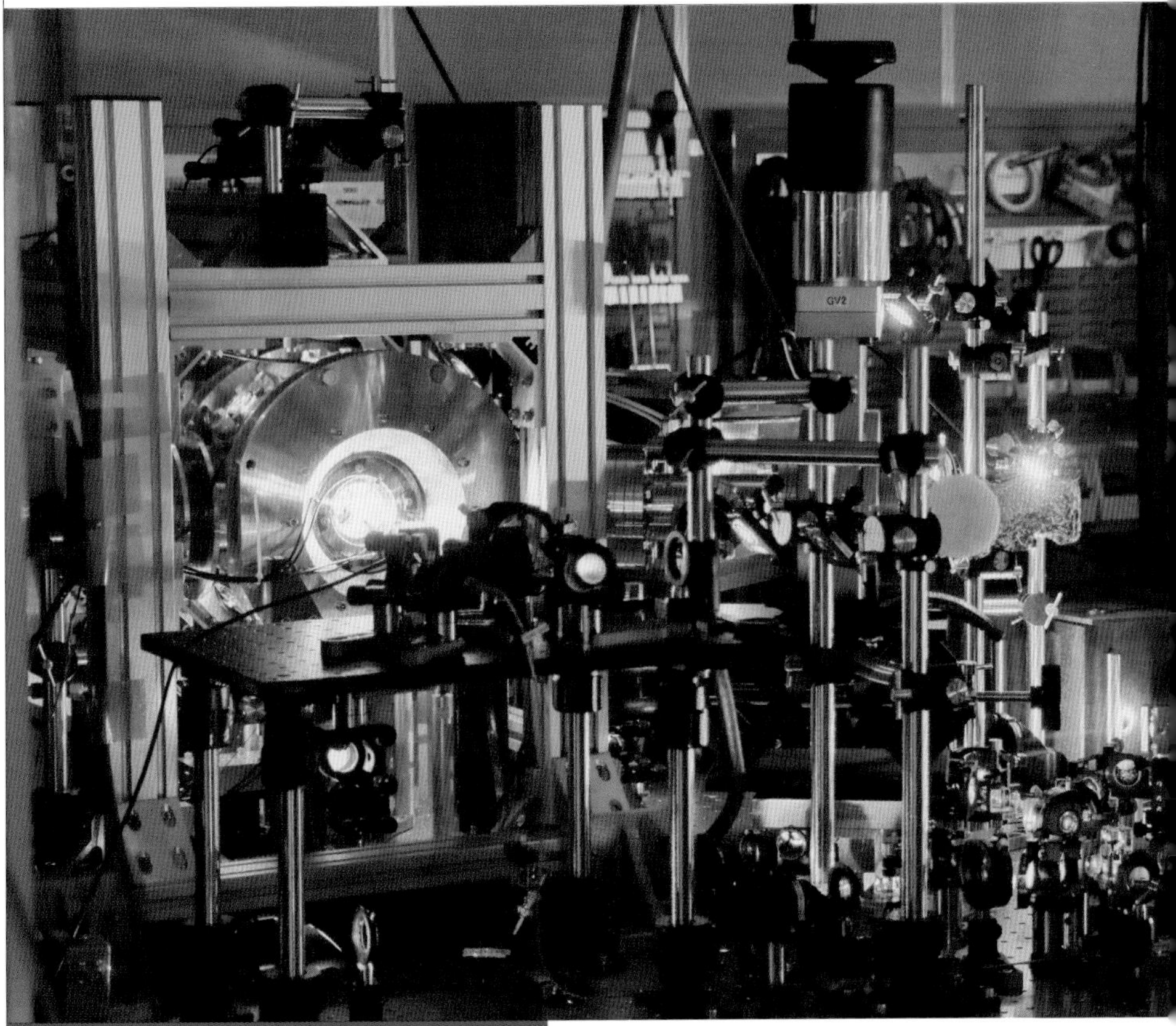

超高精度な時間で世界とつな

正確な時間のためのたゆまぬ技術革新のもと、生活や社会は築かれてきた

㊻ **日本製人工衛星で初めて原子時計を搭載した「きく8号」**

携帯電話やモバイル端末など小型の移動体通信機器が普及した時代を背景に、技術試験衛星Ⅷ型「きく8号」がＮＩＣＴ、ＪＡＸＡ、ＮＴＴで共同開発され、2006年に打ち上げられた。片方でテニスコート1面分ある大きなアンテナが特徴だ。地上の位置情報精度の飛躍的な向上の可能性を示した、正確な時刻比較を実現したセシウム原子時計である。2011年の東日本大震災の発生時には、被災地にインターネット環境を提供するなど災害支援を行った。(画像提供：ＪＡＸＡ)

㊼ **誤差は300億年で1秒、時間の概念を巻き直す「光格子時計」**

現在の1秒の基準であるセシウム原子時計の精度は3000万年に1秒狂う程度。これをはるかに凌ぐ「光格子時計」が、2000年代以降に東京大学の香取秀俊教授によって実現された。ＮＩＣＴなどで協定世界時への貢献が始まっており、2026年以降に予定される秒の再定義では、日本発の時間計測技術が初めて国際原子時の標準になるとして採用が期待される。またこの精度は高低差1センチメートルで生じる重力差まで検知を可能にするため、防災システムや地下資源探索への活用が見込まれている。

⑱

正確な時間が導く未来

「時」は精度を高めながら、人や宇宙の根源への解像度を上げている

⑱ **新しい宇宙の姿を捉える「山口32m電波望遠鏡」**

山口大学は通信用に使われていた口径32mのパラボラアンテナをＫＤＤＩから譲り受けて改造し、原子時計を設置して、天体が放射する電波を観測する装置「山口32m電波望遠鏡」とした。国立天文台との協同研究により、日本国内および東アジアの各国の電波望遠鏡とともに超長基線電波干渉計（ＶＬＢＩ）観測を行っている。なお、山口大学では2000年に「時間学」という新しい学問を構築することを目指した「時間学研究所」が設立された。

⑲ **ブラックホールシャドウの撮像成功**

アルベルト・アインシュタインが時間と重力の関係性について予言した「一般相対性理論」の発表から約100年後となる2019年。ブラックホールの撮像が成功したことにより、その理論の正しさを示す証拠が大きく積み上げられた。これを行ったのが、世界8基の電波望遠鏡をつなげた国際プロジェクト「イベント・ホライズン・テレスコープ（ＥＨＴ）」である。大陸間をまたいだ各望遠鏡は原子時計を用いたＶＬＢＩによって結合し、地球サイズの電波望遠鏡を構成した。（画像提供：EHT Collaboration）

⑲

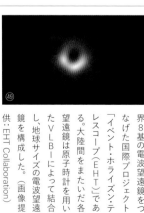

時間の日本史

日本人はいかに「時」を創ってきたのか

目次

佐々木勝浩

非機械時計――日時計、水時計、火時計――日本の時刻制度

日本の暦――機械時計――和時計製作の始まりと終焉――

明治・大正期に作られた塔時計

第2章

明治・大正期に推し進められた「時」の近代化

井上 毅

明治時代の「時」――明治・大正期の天文学と「時」――「時の記念日」の誕生――

大正時代における「時」の急速な近代化

時の近代化にまつわる余話

古賀逸策――日本の水晶時計開発の黎明

第5章 天文学と時間学から俯瞰する「時」

6月10日は「時の記念日」である。日本書紀には、飛鳥時代、天智天皇が漏刻（水時計）を用いて、日本で初めて時を知らせた故事が記されている。現代の暦に直すと6月10日で、これが時の記念日の由来となっている。

時の記念日が誕生したのは1920年（大正9年）。きっかけは「『時』展覧会」（「時」をテーマとした展覧会）だった。これはその年の5月から7月に東京教育博物館（現在の国立科学博物館）において、時間にルーズだった当時の人々に時間励行を促すため開催された展覧会である。予想を超える展覧会の盛況を受けて、時の大切さを宣伝するセレモニーとして6月10日に「時の記念日」が企画されたのだった。当日は、東京の各所で時間を尊重するビラの配布が行われた。また正午の時報に合わせて、大砲や工場の汽笛や寺院の鐘が一斉に鳴らされ、東京は「響きの都」になった。東京教育博物館に集まった人々は正午の号令に合わせて風船を上げた。時の記念日は、大衆に「秒」を意識させた日本最初のイベントだった。時の記念日は継続して実施されるようになり、日本人の時間意識にも影響を与えた。

日本人と「時」の歴史は長い。

飛鳥時代、日本に中国の時刻制度が導入された。このときに重要な役割を果たしたのが漏刻である。戦国時代、日本人は西洋から伝来した機械式時計を手にした。江戸時代には当時のわが国独特の時刻制度、不定時法に合わせた和時計が作られている。明治になり、西洋文化が一気に流入すると24時間制の新しい時刻制度が採用され、標準時が導入された。昭和になると、日本の時計メーカーの活躍が光るようになり、時計製造技術は飛躍的に向上した。１秒の定義は、天文観測に基づくものからセシウム原子時計の周波数によるものとなった。報時の技術向上も目覚ましく、現在では国立研究開発法人 情報通信研究機構（ＮＩＣＴ）が原子時計を基に標準時の発信業務を行っている。次世代原子時計の開発もここ20年で急速に進んだ。中でも１００億年に１秒の精度を実現する光格子時計は、日本発の技術だ。将来の１秒の定義は、より精度の高い光格子時計による定義に置き換えられると期待されている。日本の「時」に関する研究は、世界トップレベルのものとなっている。時間の研究が活発に進む中、時間そのものを研究する「時間学」という新しい学問も興った。

振り返ると、日本人と「時」の関係は、東洋流が西洋流に置き換えられる歴史とともにあった。これは日本の天文学とよく似ている。科学史家・中山 茂は、日本の天文学の歴史を、東洋天文学と西洋天文学が混合する化学反応にたとえた。中山は「地理的に、日本はふたつの文化が混じる文化史上の実験場のようであり、天文学は輪郭がはっきりしているので、異文化の混合・化学反応を見るときの純粋な試薬として機能する」と表現した。私は「時」の技術の発展も、よく似た構造を持つと考えている。むしろ「時」は社会の基盤であるため、技術の変遷が社会に与えた影響は天文学よりも明瞭といえるだろう。

「時の記念日」のエピソードは、江戸時代まで培われた日本人の「時」の文化が、明治維新以降に導入された西洋の「時」の文化と混合し発生した化学反応のひとつだった。それはとても面白く、私は「時の記念日」の調査を通じて「時」に魅了されてしまった。そして２０２０年が「時の記念日」１００周年であることに気付き、１００周年を記念する企画を考えた。多くの「時」の関係者が共感してくださり、２０２０年６月、企画展『時』展覧会 ２０２０」が、東京の国立科学博物館と兵庫県の明石市立天文科学館で開催されることになった。展示内容を検討するため、実行委員会を立ち上げた。議論は白熱し、多くの貴重な資料や知見が集まった。各会場では1920年の「時」展覧会や、日本の時計産業の100年の歩み、時の研究の最前線など、時にまつわる数々の紹介を行った。本書はこの『時』展覧会2020」がきっかけとなり執筆されたものだ。各章、それぞれの分野の専門家が全力で取り組んだ内容となっている。

第1章は、国立科学博物館 名誉館員の佐々木勝浩氏が担当し、飛鳥時代から江戸時代の「時」の話題を紹介した。第2章は私(明石市立天文科学館の井上 毅)が担当し、明治・大正期に激動した日本人と時の関係について解説した。第3章は、時計ジャーナリストの広田雅将氏が担当し、国産時計メーカーの勃興と発展についてまとめた。第4章は、国立研究開発法人 情報通信研究機構の細川瑞彦氏が担当し、標準時の発信など現在の最新の時間研究について詳説した。第5章は山口大学 時間学研究所の藤沢健太氏が担当し、天文学と時間の関係性、そして時間学研究のホットなトピックスを取り上げた。私は、展覧会の実行委員長を務めた経緯から、この前書きの執筆をさせていただいた。

本書は、展覧会の副読本のような性質を持っており、21世紀初頭における日本人と「時」についての知見のまとめとなっている。100年前の『時』展覧会」の関係者にも、100年後の人々にも読んでほしい内容である。どんな感想を持つだろう。想像は膨らむばかりである。もちろん、今を生きるあなたにも読んでほしい。「時」と日本人の物語は魅力にあふれている。

明石市立天文科学館館長　井上 毅

第I章

日本の時・時計のはじまり

佐々木勝浩

自然は時の流れとともに変化している。太陽、月、星々の巡り、小川のせせらぎ、四季の移ろいのすべてが時とともに変化する。

人々はその自然の変化を利用して時計を作り、工夫を重ねて様々な時計を生み出した。

そして時計は人と人を結び、社会を繋げ、発展させてきた。

本章では、日本で独自に創られ発展した時と時計の歴史について、江戸時代までを紹介する。

非機械時計——日時計、水時計、火時計——

日時計

● 古代の日時計——圭表——

日本の最も古い日時計は、古代中国から伝えられた圭表《けいひょう》と呼ばれているものだ。圭表は太陽の影の長さを測り、時刻や太陽の高度を知る装置で、地面に置いた目盛り「圭」と、垂直に立てた棒（グノモン）「表」から成る。圭は、地面つまり土と組み合わせて「土圭」とも書き、その読み「とけい」が日本語の「時計」の由来だ。

圭表がいつ頃日本に伝えられたかについて明確な記録はないが、『日本書紀』巻第19、553年（欽明天皇14年）6月に次のように記されている。

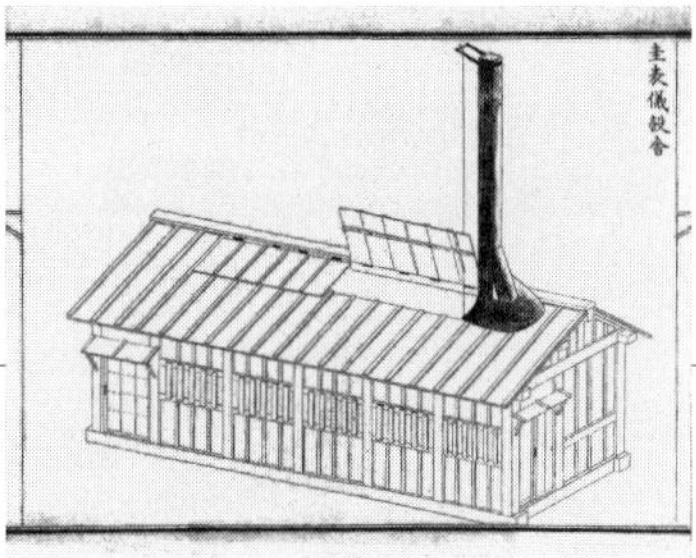

図1
浅草天文台の「圭表儀殻舎」
『寛政暦書』に掲載された、圭表儀を納めた観測小屋。
圭表の表部分が小屋の屋根から高く突き出している。

六月、内臣《うちのおみ》を遣わして百済に使わせしむ。……別に勅すらく、医博士《くすしのはかせ》、易博士《やくのはかせ》、暦博士《こよみのはかせ》等宜しく番《つかひ》によりて上下《もうできまかる》るべし。……又、卜書《うらのふみ》、暦本《こよみのためし》、種々《くさくさ》の薬物《くすり》を付送《たてまつりおく》れ。

これは文献に暦の文字が初めて現れた箇所で、暦の編纂に必要な装置「圭表」が暦とともに少なくとも6世紀半ばに伝えられた可能性を示すものだ。

大化の改新の後、大和朝廷は唐に倣って律令国家の体制づくりに力を注いだ。飛鳥時代後半に中務省に設置された陰陽寮は、占い、天文観測、時刻の決定と報時、暦の編纂を担当する重要な機関だった。圭表は奈良時代、平安時代を通じて陰陽寮で使われていたと考えられる。

江戸時代に入って1684年（貞享元年《じょうきょう》）に採用された「貞享暦」は、幕府天文方の渋川春海《しぶかわはるみ》によって完成した。圭表は天文観測装置のひとつで、続く「宝暦《ほうりゃく》」（1755年）、「寛政暦」（1798年）などの編纂作業においても重要な役割を果たした。寛政暦の暦法をまとめた『寛政暦書』巻第19（1844年）によれば、浅草天文台に設置されていた圭表は次のようなものだ。

圭表は水平の目盛りと垂直の柱から成り、観測小屋の中に南北に向けて設置された［図1］。表の高さは推定9メートルほどもあり、先端に影を投影するための細い棒が水平に取り付けられていた。太陽は、視角が約0.5度の円盤のため棒の影が不明瞭になり、南中高度と南中時刻の測定ができない。これを可能にするための「景符《けいふ》」と呼ばれる道具が付属していた［図2］。

● 江戸時代の旅行必需品――携帯用日時計――

江戸時代の日本人は世界でも有数の旅行民族と言われている。大名たちの参勤交代をはじめ一般民衆のお伊勢参りや四国八十八か所巡りなど、各街道筋の宿場町は常に多くの

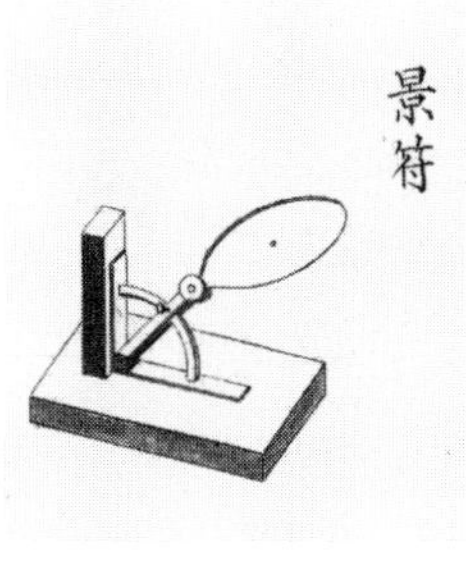

図2
圭表の観測補助器具「景符」
圭表の目盛りの上に置いて用いる。円盤の小さな孔を利用し、
ピンホールカメラの原理で圭表の横棒と太陽像を目盛り上に重ねて投影し、
太陽高度を測定する。

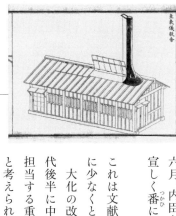

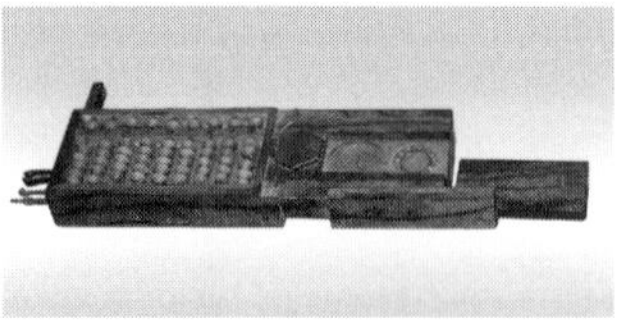

図4
七つ道具付き携帯用日時計
携帯日時計に、方位磁石、矢立、筆、耳かき、小刀、毛抜き、算盤などの七つ道具が付属している。
（国立科学博物館 日本館展示）

旅行者で賑わっていた。1820年代に来日したドイツ人医師で博物学者のフォン・シーボルトが著書『江戸参府日記』で「日本人の旅人が日時計を利用している」と書いたように、携帯用日時計は旅行の必需品で、様々な形のものが使われていた。

その多くは長さ数センチメートルの長方形や楕円形の木片や象牙片を椀状に彫って日時計としたもので、方位磁針が取り付けられていた。小型な上に時刻線も正確ではなかったが、1日の旅程を見積もるためには十分に役割を果たした［図3、4、5］。

水時計

● 発見！ 飛鳥の水時計——漏刻《ろうこく》——

1981年12月、国立奈良文化財研究所が奈良県明日香村水落《みずおち》で行った発掘調査において、日本の時計史上で大変重要な発見があった。

深さ1メートルほどの所に長方形の花崗岩の台石が発掘され、その上に、折り重なって固まった漆の断片が発見された。漆に転写された木目の跡から、台石上に長さ1.65メートル、幅0.85メートルの黒漆塗りの木箱があったことが判明した。同時に発掘された木樋および銅管から、それらが古代の水時計「漏刻」の一部の可能性が極めて高いと結論付けられた。

この地が飛鳥寺の伽藍の一部で、近くを流れる飛鳥川に近接した「水落」の地名から、この遺跡が『日本書紀』に記された中大兄皇子（後の天智天皇）が製作した漏刻台に違いないと大きな話題となった。遺跡は「水落遺跡」と呼ばれることになった。

図3
江戸時代の携帯用日時計
中央に小さな日影棒のある椀部に、当時の不定時法に適合した日の出から正午までを分割する目盛り線が刻まれている。
（国立科学博物館 日本館展示）

『日本書紀』巻27、671年（天智天皇10年）には次のように記されている。

夏四月丁卯朔辛卯、漏剋《ときのきざみ》を新台《にいうてな》に置き、始めて候時《とき》を打ち、鐘鼓《かねつつみ》を動《なら》し、始めて漏剋を用う。此の漏剋は、天皇の皇太子爲《た》りし時に、始めて親《みずか》ら製造《つく》りたまふ所なり云々。

これが、天智天皇が漏刻を製作して時を計り、鐘と太鼓で民に時を知らせる報時を始めたことを示す箇所だ。日付を示す「夏4月辛卯」は旧暦4月25日、現在のグレゴリオ暦の6月10日に当たり、「時の記念日」の由来となっている。

『日本書紀』には天皇の皇太子時代（中大兄皇子）の漏刻についても触れられ、671年の記述を裏付けている。同書巻第26の660年（斉明天皇6年）の夏には、

又、皇太子初めて漏尅《ときのきざみ》を造りて、民をして時を知らしむ。

と記され、すでに11年前に中大兄皇子が漏刻を製作して人民に時を知らせていたことがわかる。

● 天智天皇の漏刻の形——多段型水槽の漏刻——

漏刻は底の付近に流出管を持つ水槽「流水槽」からゆっくりと流れ落ちる水を別の水槽「受水槽」で受け、水位の上昇を浮きに取り付けた矢「箭《せん》」に刻んだ目盛りで時刻を知るもので、その歴史は数千年を数える。流水槽と受水槽だけだった漏刻は、唐の時代に中間に調整用の水槽「補正水槽」を入れ、多段型水槽の漏刻とすることで精度が格段に向上した。唐の太宗、高宗に仕えた官僚、呂《りょ》

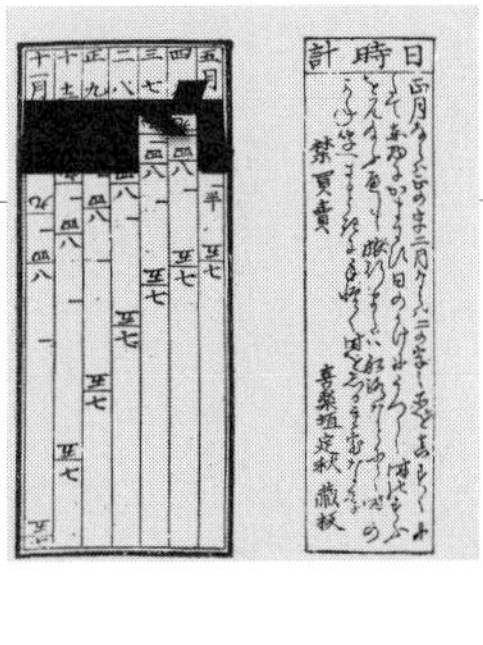

図5
庶民用の紙製日時計（復製品）
左枠内に各節気に対応する時刻目盛りが描かれている。
日時計を水平に保ち、節気の短冊（黒）を垂直に立て、
その影を目盛りで読んで時刻を知るもので、旅行の必需品であった。

才《さい》は、5段型の漏刻を作ったことで知られている。桜井養仙の『漏刻説』(1748年)によれば、天智天皇の漏刻は呂才に準じた4段型であったようだ[図6]。

呂才や天智天皇の漏刻が多段型であることは、水槽の段数を重ねることに意味があったことを示している。多段型の水槽の水位の振る舞いはコンピュータシミュレーションで計算が可能だ。定期的(1日に1回)に定量(満水)の水を流水槽に供給すると仮定して行った著者のシミュレーションによって、補正水槽を入れることに大きな効果があることが確かめられる。漏刻の精度は、受水槽のひとつ前の補正水槽の水位の変動幅が少ないことが条件だ。水槽1段毎の水位の変動幅は約4分の1に減少し、水槽2段では約16分の1、水槽3段では約64分の1に大幅に減少して、天智天皇の漏刻では差し引き15分程度の誤差に抑えられることも確かめられる。

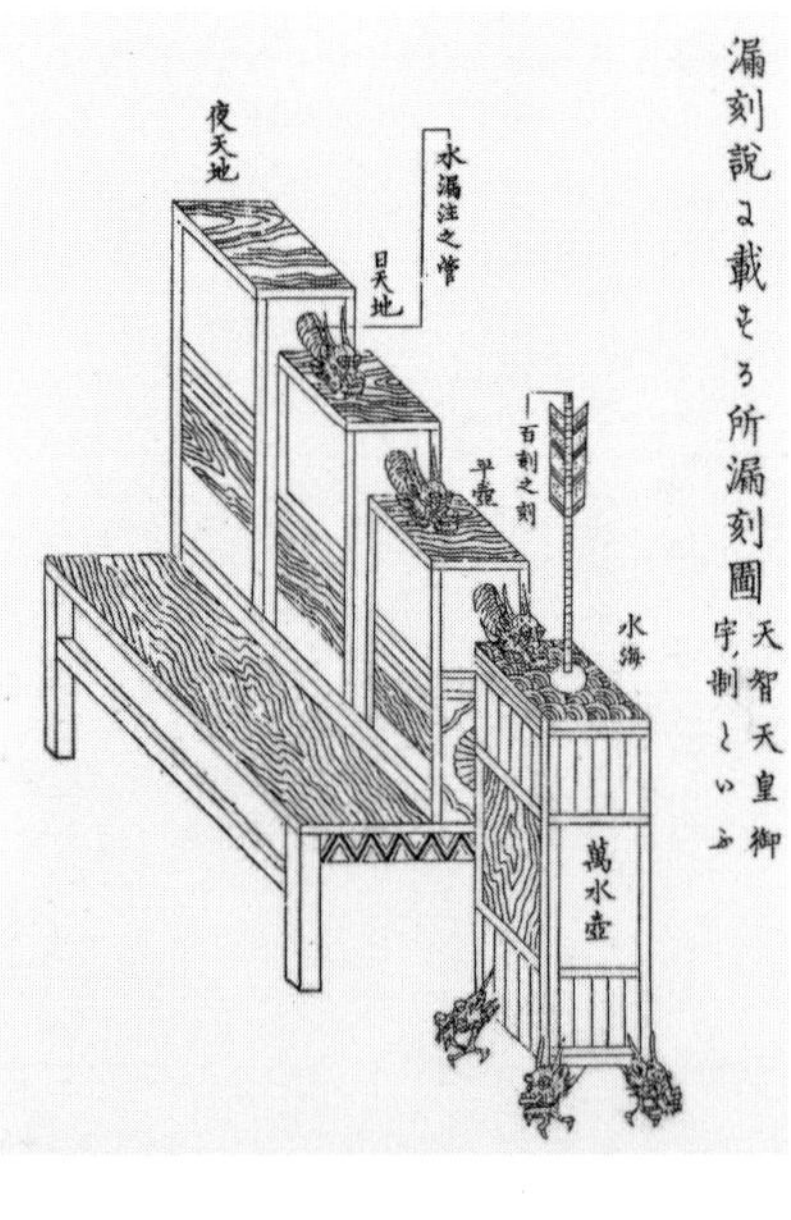

図6
『漏刻説』に掲載の天智天皇の漏刻の図
水槽は上から「夜天地」「日天地」「平壺」「水海(萬水壺)」と名付けられている。
最下段の水海の上には時刻目盛りを刻んだ箭が見える。

火時計(燃焼時計)

● 時の香り——常香盤——

燃焼の速度が一定であることを利用した時計としては蠟燭《ろうそく》時計、ランプ時計などが挙げられるが、日本をはじめ東洋では香の燃焼を利用した香時計の例が多く見られる。香が仏教寺院などの宗教

図7
常香盤。付属品は香型枠、埋め込み板、灰かき、香すくい匙ほか
写真にはないが、ならし板、小型のわら箒などがセットになっていて、
本体の引き出しに納められている。
（国立科学博物館 日本館展示）

施設で日常焚かれていることがその理由だろう。神聖な火を絶やさず常に香を焚き継ぐための道具である常香盤は、安定した香の燃焼速度を利用した香時計としても使用された[図7]。

常香盤では抹香（粉末香）が用いられた。ある調査によれば、灰の上に描いた抹香の線「香条」の燃焼速度は1時間に約6センチメートルだ。一辺が30センチメートル程度の常香盤で、香条の長さは四隅合わせると約2.5メートルにもなるため、香条を一度描いてしまえば1日半以上燃焼を継続させることができた。

- 香時計の使用の例——東大寺お水取りの時香盤——

香時計の使用の例として、毎年3月初旬に2週間にわたって行われる奈良・東大寺二月堂の修二《しゅに》会《え》、通称「お水取り」が知られている。香時計は東大寺では「時香盤《じこうばん》」と呼ばれる。

修二会は、752年に始まって以来1200年以上続けられているもので、11名の僧（練行衆）が二月堂の十一面観音に懺悔して世の平安や人々の幸福を祈る行事だ。特に3月12日の大型の籠松明が回廊を駆け巡る際の舞い上がる炎と降り注ぐ火の粉の様は、修二会の最も迫力のある光景だ。松明の奉火の直前に係が大声で「時香の案内」と告げる。これに応じて時香の係が「3寸」と返す。これは抹香が長さで3寸分だけ燃焼時間が残っていることを示す。これから修二会では、歴史的に香時計で時間管理を行っていたことが分かる。諸道具、所作、口上などは奈良時代の姿をそのまま現在に伝えており、貴重な文化財なのだ。

- 先祖の香り——庶民の常香盤——

大寺院では常香盤に本物の高価な抹香が使用されたが、庶民は、ネムノキやカツラ、クワの木の葉を利用して、各家で作った抹香を使っていた。

岩手県水沢市の旧家千葉家では、北上川の川縁にあったネムの木の葉で抹香を作り、江戸時代初期から代々400年も焚き続けていた。1日に1合ほど使用するので1年間には3斗6升5合(=65.7リットル)もの抹香が必要だ。同家では秋に1年分のネムの葉を採取し、乾燥、手揉みの後、石臼でつき、篩《ふるい》にかけて仕上げていた。作業は3、4日がかりで一度にかます20袋ものネムの抹香を作った。その香は「独特のやわらかな淡い香り」だったという。

1955年頃に北上川河川敷の開墾によってネムの木の大木が切り倒されたとき、千葉家は「先祖の香りを変えてしまうことになる」と言って他のカツラやクワを使おうとはしなかった。庶民の常香盤から立ち上る香りは、遠い先祖から受け継ぎ、長く守り続けてきたその家の香りだったのだ。

- 千石船で使用された香時計

江戸時代の海運を担ったいわゆる千石船の航海は、多くは沿岸航路における目視によって行われるが、行程を計る上で使用した道具の中に時計類が含まれていた。それらの時計には、尺時計や卓上時計(舟時計とも呼ばれた)といった機械時計の他、砂時計、日時計、破軍星《はぐんせい》(北斗七星の柄の先端の星を使った一種の星時計)、さらに香時計の類も含まれていた。1730年代に、10日前後と言われていた大坂(現在の大阪)―江戸間の航海において、精度は不十分ながら香時計は行程を計る道具として役割を果たしていた。

- 芸者のスケジューラー――線香時計――

線香時計は線香の燃える早さが一定であることを利用した時計だ。ここに紹介するのは、芸者の置屋や遊郭の帳場に置かれ、芸者や遊女の勤務の時間管理に使われた線香時計だ[図8]。

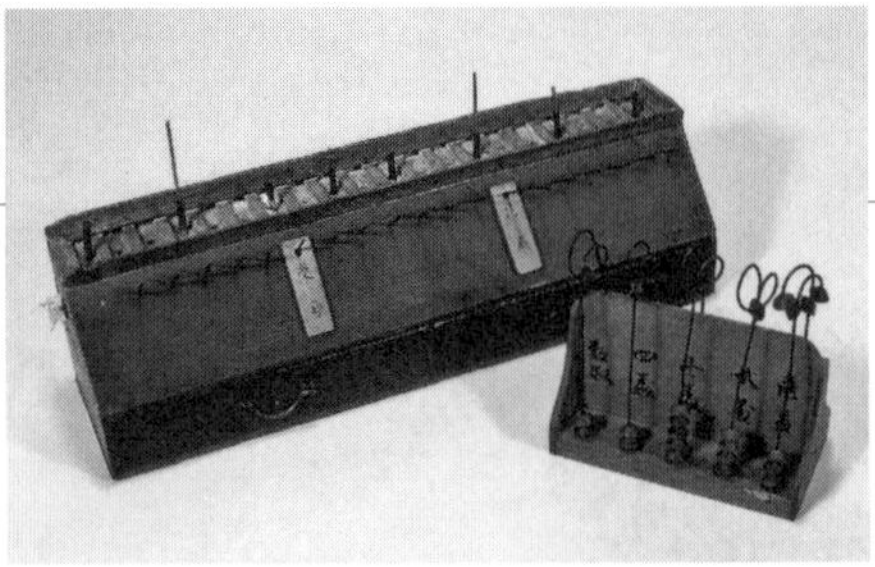

図8
線香時計。木製の箱の上面に線香を立てる筒が20個ほど並んでいる。前面の斜面の釘に「花扇」「栄司」と芸者の源氏名の書かれた名札が下がっている。右は線香の本数を記録する「数取り」。
(国立科学博物館 日本館展示)

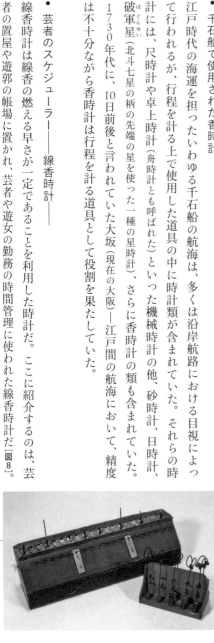

推定される使い方は次のようなものだ。客は芸者に対して線香1本いくらで購入する。線香は帳場に預けられ、芸者の名札の掛かった線香立てに立てて火が点けられる。線香が1本燃え尽きると次の線香を焚き継ぎ、すべての線香が灰になると遊興の時間が終了する。「数取り」は燃やした線香の本数を記録するカウンターだ。現在でも芸者の支払いをしばしば「線香代」と呼ぶのは、その名残と言われている。

置屋は、芸者の労働の時間を線香の本数に置き換えて管理し、この方法で重複のトラブルを防いでいた。芸者や遊女の世界は正に「タイム・イズ・マネー」の世界で、当時の職人のような、作品に対して金銭を支払ういわゆる出来高払いの職種とは異なる、最も進んだ賃金形態だった。線香時計は大変巧妙な芸者の勤務のスケジューラーだったのだ。

日本の時刻制度

古代の時刻制度

- 陰陽寮で報じた時刻

律令制度によって国家の体制を整えた古代日本において漏刻は中務省下部組織の陰陽寮が管理し、

そこで決められた時刻は鐘と太鼓で報じられた。実務を行ったのは陰陽寮の報時を担当した「漏刻博士」と配下の「守辰丁《しゅしんちょう》」だった。

平安時代に書かれた律令制度の施行細則『延喜《えんぎ》式』の陰陽寮の項には、漏刻の実務に続いて1年各時期の日出、日没の時刻の他、宮城《きゅうじょう》（大内裏）における大門の開門の時刻、諸門の開門、閉門の時刻、更には退庁の時刻も記されている。その表記から、当時使われていた時刻の詳細がわかる。

律令制度が成立した飛鳥時代末期から、奈良時代、平安時代を通じて、都に報じられた時刻は、1日12等分の定時法の時刻で、十二支を割り当てた「辰刻《とき》」、辰刻を4等分した「刻《こく》」、刻を10等分した「分《ぶ》」で構成されていた。『延喜式』には、辰刻に対して太鼓の打数は子と午は9回、丑と未は8回、寅と申は7回、卯と酉は6回、辰と戌は5回、巳と亥は4回としていたことが記されている。辰刻を4分割した「刻」は、1刻、2刻、3刻、4刻と数え、刻の数だけ鐘を叩いた。各辰刻の長さは現在の2時間、1刻は30分に相当する。報じられた時刻は宮廷や都の市民生活向けで、暦博士による暦算の作業や天文博士による天体観測には1日100刻等分の時刻が使われた。

起点の子《ね》の1刻は現在の時刻の午後11時に相当し、これを「子ひとつ」、子の2刻つまり午後11時30分を「子ふたつ」と呼んだ。「草木も眠る丑満時《うしみつどき》」の丑満は、正しくは「丑三つ」つまり丑の3刻を意味し、現代の午前2時に相当する。なお、1辰刻を二分し、初めを初刻《しょこく》、次を正刻《しょうこく》という呼び方や、三分して上刻、中刻、下刻という呼び方もあった。現在、昼の12時を指す言葉「正午」は、午の正刻に由来する。

●『枕草子』に現れる時刻

平安時代の古典文学として清少納言の『枕草子』が知られている。同書は、宮廷に仕えた女官で一流の歌人でもあった清少納言が、日常生活や四季の自然を女性の繊細な目で観察して綴った随筆で、当時の情景を現代に伝えている。『枕草子』に時に関する話題が取り上げられている。

> 時奏ずるいみじうをかし。いみじう寒きに、夜中ばかりなどに、こほことほめき、沓ずり来て、弦打ちなどして、なに家の某、時丑三つ、子四つなど、あてはかる声にいひて、時の杭《くい》さす音など、いみじうをかし。（略）

清少納言が仕えた太政官（司法・行政・立法の最高機関）は、宮城の中心にあった大極殿の東に隣接し、その北側に陰陽寮があった。陰陽寮の近くにいた清少納言は、時を告げる太鼓や鐘の音だけでなく、漏刻の係の「こほこほ」という木靴で歩く音や、時を告げる上品な口調の口上、時を記した札を挿すときの音までも耳にしていた。

● 江戸時代の時刻制度——不定時法——

江戸時代は、陰陽寮が報じた定時法の時刻と異なり、昼夜で異なる不定時法の時刻が用いられていた。夜明けを明け六つ、日暮れを暮れ六つとし、これを時刻の基準として1日を昼と夜とに分け、それぞれを6等分するという時刻制度だった。昼と夜の長さは季節的に変化するので、時間の単位である一時《いっとき》の長さは昼と夜とで異なり季節的にも変化した。西洋でも古くは不定時法が用いられたが、時刻の基準は日出、日没であって夜明け、日暮れではない。ここは西洋と日本の不定時法の異なる点だ。

幕府天文方の高橋至時《よしとき》と間《はざま》重富《しげとみ》が西洋天文学を用いて編纂し、1798年（寛政10年）に実施した「寛政暦」では、明け六つ、暮れ六つを太陽の中心の俯角が7度21分40秒の時刻と定義した。定義に従って計算すると、明け六つは、100刻等分では日出の2刻半前、現代の時間の36分前に、暮れ六つは日没の2刻半後、36分後に相当する。国立天文台編『理科年表』（丸善出版）掲載の東京の「夜明け」「日暮れ」の時刻は、寛政暦の定義によって計算されている。

江戸の不定時法の時刻名は、真夜中の12時を九つとし、ひとつずつ減じて八つ、七つ、明け六つ、五つ、四つと数える。昼の12時（正午）を再び九つとし、同様に四つまで数え、真夜中の九つで一巡する。1ずつ減ずる時刻名は、江戸時代に来日した外国人が「逆戻りする時刻」として不思議がったという。この時刻名の謎について、普通は「陰陽思想では9が重要で、1から6までの数に9を掛けた9、18、27、……から10の位の数を省いて9、8、7、……としたのではないか」と説明されている。

●不定時法の時刻の基準——手の筋大筋の三筋ばかり見える時——

和時計や香時計などの時計の時刻合わせのためには時刻の基準が必要だ。しかし、「寛政暦」の夜明け、日暮れの定義は、計算上の明け六つ、暮れ六つの根拠にはなるが、時刻の基準にはならない。夜明けや日暮れの時刻を決める目安として「かわたれ」時、「たそがれ」時がある。かわたれは「彼は誰」、たそがれは「誰ぞ彼」が言葉の由来だが、明るさは明けてゆくか暗くなるかの差だけで、物理的な空の明るさは大体同じだ。このような、空の明るさで時刻の基準の明け六つ、暮れ六つを決めていた方法を紹介したい。

幕末に出版された『西洋時辰儀定刻活測』の「明暮六定ノ叓《こと》」の項には、明け六つ暮れ六つの決め方を次のように記している［図9］。

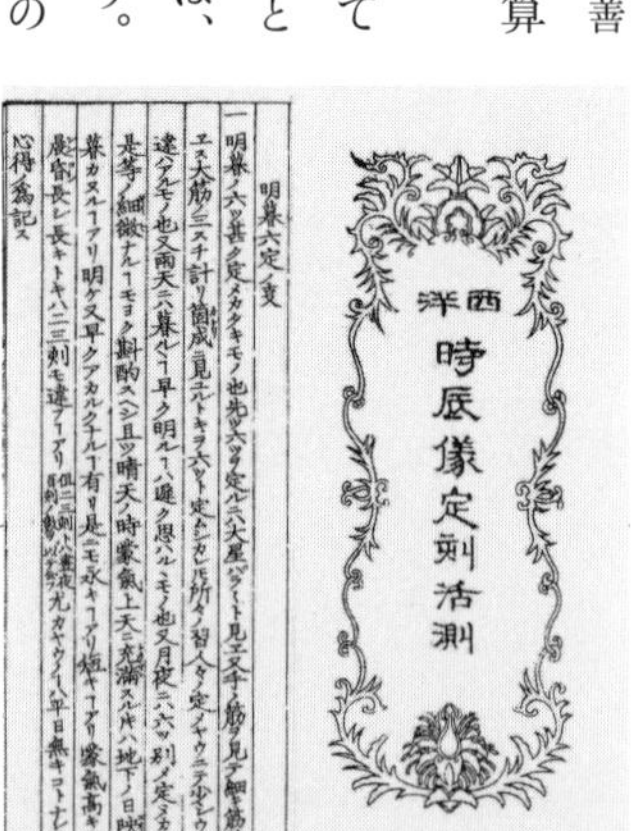

図9
『西洋時辰儀定刻活測』「明暮六定メノ叓」の項
定時法−不定時法の対照表のほか、西洋時計の見方、時刻の校正方法、圭表の作り方などの解説がまとめられている。
1838年、出雲藩士小川友忠著。

明暮ノ六ツ甚ダ定メカタキモノナリ。先ツ六ツヲ定ルニハ大星パラパラト見ヱ、又手ノ筋ヲ見テ細キ筋ハ見ヱズ、大筋ノ三スチ計リ箇成ニ見ユルトキヲ六ツト定ム。（略）

手の筋で見て空の明るさで時刻の基準を決める方法は主観的で正確さに欠けるようにも思えるが、この方法には確かな利点がある。日本は山地が多く水平線が見えない場所が多く、そういった土地では日出、日没による時刻の決定は不可能だ。しかし空の明るさが基準なら、江戸市中でも近隣の山間の村でも可能だ。たそがれ時、かわたれ時は、1日の中で最も明るさの変化する時間帯で、手の筋が見えるか否かの曖昧な空の明るさの時間の幅は、著者の経験では5分に満たない。

手のひらの筋を見るという簡易な方法で、数分以内で時の共有が果たせるとするなら、江戸時代の社会生活では十分役割を果たしただろう。経済学者の角山《つのやま》栄《さかえ》は、この方法で時の共有が可能ということは江戸市中のみならず関東一円がひとつの経済圏に入ることに等しい、と述べている。

● 江戸の報時システム――時の鐘――

江戸府中には時の鐘が時報を打って公共の時計の役割を果たしていた。1835年頃に斎藤月岑《げっしん》が刊行した江戸の地誌紀行図鑑『江戸名所図会』1巻1冊が江戸9か所の時の鐘について紹介している。

時鐘　石町三丁目の小路にあり。辻源七といへる者是を役す。此鐘、初は御城内にありしとなり。其余都城の繞《めぐ》りに有りて候時を報ずるその鐘八カ所なり。いわゆる浅草寺、本所横川町、上野、芝切通、市谷八幡、目白不動、赤坂田町成満寺、四谷天竜寺等なり。

浅草寺の鐘と上野の鐘は現在も元の場所に鐘楼と共に現存している。辻源七によって撞かれた石町の時の鐘は、現在小伝馬町の十思公園に新設されたコンクリート製の鐘楼に移設して保存されている。

江戸の時の鐘の始まりは2代将軍・徳川秀忠の頃と言われ、すでに江戸初期に時の鐘による報時システムの運用が開始されていたことがわかる。時の鐘による報時は江戸市中だけでなく、各地の城下や、街道の宿場町でも行われ、広く民間に浸透していた。

●『曾良旅日記』に現れる時刻

俳人として名高い松尾芭蕉は奥州などを巡る旅をして紀行文『奥の細道』を遺した。次に示すのは旅行に随伴した芭蕉の弟子、河合曾良《そら》が誌した『曾良旅日記』の一節だ。

一　十八日　卯ノ尅地震ス。辰ノ上尅、雨止。午ノ尅、高久角左衛門宿ヲ立。暫有テ快晴ス。(略)松子ヨリ湯本へ三リ。未ノ下尅、湯本五左衛門方へ着。

一　十九日　快晴。子、鉢ニ出ル。朝飯後、図書家来角左衛門ヲ黒羽へ戻ス。午ノ上尅温泉へ参詣。(略)夫レヨリ殺生石ヲ見ル(略)。

一　二十日　朝霧降ル。辰中尅、晴レ。下尅、湯本ヲ立。ウルシ塚迄三リ余。(略)

芭蕉と曾良が栃木・那須の名勝「殺生石」を訪れた様子が時を追って克明に綴られ、18日は、朝6時頃に地震があり、7時頃雨が止み、正午に出発したことが分かる。文中に多くの時刻の記述があることに驚かされるが、卯の刻、午の刻だけでなく上刻、中刻、下刻という時刻名が現れることも注目される。十二支を使った時刻名は律令制度における1日12等分の定時法の時刻名だが、江戸時代には不定時法の時刻としても使われていた。

　芭蕉と曾良は携帯用日時計を持っていただろう。しかし文中にも現れる雨の場合は日時計が使用できない。角山 栄は、各村々に設置されたお寺の梵鐘がその役割を果たしていたとしている。江戸時代の日本は世界有数の銅の生産国で、オランダ東インド会社が長崎を通じて多くの銅を買い付けていた。梵鐘の鋳造に使われたのは生産された銅の一部で十分足り、ある統計によれば1820年代（文政年間）に全国で5万基もの梵鐘があったという。「鐘一つ売れぬ日はなし江戸の春」と詠まれたように、当時、全国、津々浦々に至るまで梵鐘が設置され、報時の社会的基盤がかなり整ってきていた。芭蕉と曾良は日時計と梵鐘を併用して出発時刻や到着時刻、旅程の時刻を細かく決めていたのだ。

●「今、何時でぇ」——落語「時蕎麦《ときそば》」の時刻——

落語の「時蕎麦」は、江戸時代に使われた不定時法の時刻の実態を、江戸特有の笑いの文化で現代に伝えている。

　ある賢い男が二八蕎麦屋の屋台で蕎麦を注文した。食べ終わって料金16文を払う際に、銭を「一《ひい》、二《ふう》、三《みい》、四《よう》」と数え始めた。「八《やあ》」と8文まで数えたところで、突然、男は蕎麦屋に「今、何時《なんどき》でぇ」と尋ねた。蕎麦屋は「九《ここの》つでぇ」と答えた。その後、男は銭の9文目を抜いて10文から16文まで数え、支払いを15文で済ませた。

　これだけでも笑い話だが実は続きがある。その様子を見ていたあまり賢くない別の男がいた。彼は蕎麦を食べた男が「九つ」で1文誤魔化したからくりに気づいた。翌日これを試そうと町へ出かけた男は、試したい気持ちが先行して昨晩より一時《いっとき》早く出かけてしまった。蕎麦を食べ終え、8文目まで数えたとき、昨日の男のように「今何時でぇ」と尋ねた。「四つでぇ」と蕎麦屋は答える。

当然だが九つの一時前は四つだからだ。銭の4文目を抜いて5文から16文まで数えてしまった彼の支払いは、九つの1文を誤魔化すどころか、5文目から8文目までの4文を重複し、その結果20文も支払うことになって大損してしまった。男はからくりの本質までは見抜けなかったのだ。

この落語のからくりのポイントは九つの一時前が四つであることだ。現代では説明が必要だが、九つの一時前が四つということが生活習慣の江戸の社会だからこそ落語の種になる。これが江戸の笑いであり庶民文化の一側面なのだ。

●加賀藩の13等分割時法と余時

江戸時代の時鐘は、明け六つ、暮れ六つという曖昧な時刻を基準に時を決めて報じていた。それに比べると、圭表と漏刻で決めた定時法の時刻を知らせていた飛鳥時代の方が、報時システムが完備していたと言うべきだろう。江戸時代の報時システムが、なぜ正確に等分割する不定時法を目指さなかったか疑問にさえ感じられるところだ。

不定時法の時刻を正確に決定することは、実は定時法より遥かに難しい。しかし、この課題に挑んだのが加賀藩だった。もともと加賀地方では、七つ半と六つの間に約半時の長さの変動する便宜上の時刻を挿入していた。加賀藩ではこれを余った時刻の意味で「余時」と呼んでいた。

不定時法の一時の長さは日々変動するので、実際の運用では、ある節気の間、便宜上長さ一定の一時で時刻を刻んでいたと考えるのが自然だ。こうすると、昼夜の最後の七つ半に設定した一時と実際の一時の差分が積算され、その長さは節気の15日間に少しずつ変動することになる。加賀藩では、七つ半と六つの間におよそ半時の時刻をバッファーとして設け、余時として独立させていたのだ。

加賀藩主・前田斉廣《なりなが》は、余時を含む不正確な不定時法を日々変動する正確な不定時法へ改めるよう遠藤高環《たかのり》に「時法改正」を命じた。高環は大坂の先事館に学んだ天文学者・西村太冲《たちゅう》らとともに圭表、正時版《しょうじばん》（062頁参照）など精度の高い機器の整備と明確な手順の設定によって時刻決定のシステムを確立させ、1823年（文政6年）に時法改正を果たした。当然この改正で余時は削除された。

新しく実施された正確な不定時法は不評だった。一例として、大工職人による仕事の後始末や翌日の準備に有効利用されていた余時が削除されたことが、不評の理由として挙げられる。しかしそれは側面のひとつで、評判の悪さの真の理由は、時間の正確さが必然的に厳密な時間管理に繋がったためと考えられる。

加賀藩は2年後の1825年に時法の再改正を実施し、余時を復活させた。しかし、機器類を整備し時刻決定システムを確立した後だったため、元の不正確な不定時法に戻ることができなかった。その結果、加賀藩は昼夜それぞれを半時単位で13等分割する不定時法を実施したのだ。加賀藩の特異な不定時法は、1873年（明治6年）の明治の改暦による時法改正まで続いた。

●今日から1日が24時間――明治の時法改正――

明治時代に入ると日本は西洋との修交が始まり、貨幣、度量衡、暦など各種制度の近代化の必要が生じた。1873年、明治政府は太陽暦（グレゴリオ暦）への改暦を実施し、これに伴って従来の不定時法を廃止し、1日24時間の定時法を採用した。

不定時法時刻で生活を営んでいた人々は、1月1日に突然、1時から12時までを繰り返す1日24時間の時刻制度に転換を迫られることになった。時刻を知る方法としては、駅や郵便局に設置された時計、あるいは時計商が設置した塔時計などがその役割を果たした。間もなく国産の時計製造が始まり、広く一般に普及するにしたがって定時法が社会に浸透していくのだった。

日本の暦

大陸からの暦の導入

● 太陰太陽暦と太陽暦

太陰すなわち月の満ち欠けの周期1朔望月《さくぼうげつ》（29.53日）によって構成される暦が太陰暦だ。これによる1年12か月は354日となり、太陽の周期である365日強（1太陽年、正確には365.2422日）より11日ほど少なく、太陰暦だけだと季節がずれていってしまうので都合が悪い。そこで約3年に1度にうるう月を入れ、太陰の周期を基本に太陽の周期に合わせて修正する暦が太陰太陽暦だ。

日本において太陰太陽暦は、6世紀中頃に中国からその暦法が伝えられて以来、明治の改暦による太陽暦（グレゴリオ暦）の採用までの約1300年間の長期にわたって使用された。使用された暦は、中国から伝わった元嘉暦に始まり天保暦まで9種に及んでいる。初めは中国の暦がそのまま使われたが、貞享暦以降は日本の暦学者の手によって、寛政暦以降は西洋天文学によって日本独自の暦として編纂された。

● 日本の暦の始まり

『日本書紀』巻19には、553年（欽明天皇14年）に暦の文字が初めて登場する。これは、この時代またはそれ以前に暦の知識や技術が伝えられた可能性があることを示している。日本の暦の正式な始まりは元嘉暦（692年）と儀鳳暦《ぎほう》（697年）の実施とされる。以後、大衍暦《だいいん》、五紀暦《ごき》と続く。特に大衍暦は唐へ留学していた遣唐使の吉備真備《きびのまきび》が735年に持ち帰り、764年に実施された暦だ。

平安時代初期には唐の衰退によって遣唐使が廃止され、新たな暦の直接の導入の道が断たれていた。その折、日本海北部大陸沿岸で勢力を伸ばしていた渤海国《ぼっかい》（かつて大陸沿岸に存在した国家）の使節、渤海使によって859年に日本へもたらされたのが宣明暦《せんみょう》だ。この暦は862年（貞観4年）に採用され、823年間という長期にわたって使用された。

● 具注暦と頒暦

暦博士が暦法によって定めた暦には、日付に日食、月食などの天文現象や吉凶判断のための様々な注「暦注」が詳しく記された。この暦は、様々な注が具《つぶさ》に記されているので「具注暦」と呼ばれた。具注暦は天皇へ上奏され、書写された暦が朝廷の諸役所、上流貴族階級、地方の役所などに頒布され、「頒暦《はんれき》」と呼ばれた。

暦に記された内容は、上段に日付、十干十二支、七曜、六曜（仏滅、大安など6種）、二十四節気ほか、月の朔望、日食、月食などの天文学的事項、雑節による年中行事が記され、中段には十二直（建、除、満など12文字による吉凶の表示）、下段には選日（干支などによって選ばれた吉日）、二十八宿（亢宿、氐宿など天球を28に分ける星座による吉凶の表示）、九星（一白、二黒など9つの星による吉凶の表示）のほか、日ごとの吉凶に関する諸事項が記された。

具注暦には歴注と次の日の暦注の間に余白があり、奈良時代に日々の出来事を日記として書き込む習慣が生まれた。特に、平安時代の摂政・太政大臣を務めた藤原道長の日記『御堂関白記』は、一条、三条、後一条の3代にわたる天皇の治世の詳細や当時の貴族社会を知る上で極めて重要な史料で、1951年に国宝に指定され、2013年には自筆本が現存する世界最古の日記としてユネスコ記憶遺産に登録された。

● 陰陽道の賀茂家と阿部家

賀茂家は平安時代前期から中期にかけて陰陽道で知られた賀茂忠行の家系として知られる。忠行は陰陽道を陰陽思想に基づく吉凶判断の技術から宗教、呪術に転換することで天皇の信頼を得て、陰陽寮における陰陽道、天文道、暦道の3部門すべてを掌握し、陰陽家賀茂氏を確立した。

幼少期から陰陽道の才の片鱗を覗かせていた忠行の子、賀茂保憲も父親を継いで陰陽寮での地位を確立し、暦道を子の賀茂光栄《みつよし》に、天文道を安倍晴明《せいめい》に伝えた。陰陽寮の天文生のひとりだった晴明は頭角を現して天文博士に昇進し、最終的に保憲から天文道宗家を譲られた。以降、賀茂家が暦道を、安倍家が天文道を世襲し、陰陽頭や陰陽博士は両家から輩出した。

賀茂家は、16世紀に賀茂在富の代で一時断絶したが、すでに賀茂家傍系で幸徳井《こうとくい》家を名乗っていた9代目友景が1618年に陰陽頭となり復活を果たした。一方、安倍家は晴明から数えて19代目の有脩《ありなが》から土御門《つちみかど》家を名乗った。その後、幸徳井家と土御門家は長らく日本の天文道・暦道の最高権威者として君臨した。

民間の暦

● 民間暦

鎌倉時代以降は朝廷の衰退で頒暦が滞るようになった。頒暦に代わって各地で独自に編纂されたのが民間暦だ。そのひとつが室町時代後期に伊豆の有力者河合家によって編纂され、三嶋大社が一般に頒布した三島暦《みしまごよみ》だ。その他、京で発行されていた京暦《ごよみ》、武蔵国大宮の氷川神社による大宮暦《ごよみ》、伊勢詣の土産として全国的に普及した伊勢暦《ごよみ》、江戸で発行された江戸暦《ごよみ》などがあった。

● 南部めくら暦

民間暦の他に、暦の内容を簡略化し一枚の紙に刷った暦が庶民に普及した。そのひとつが南部めくら暦だ。

1715年頃に、南部藩田山村（現岩手県八幡平市）の庄屋の書き役（記録係）善八が村興しを図るため考案した暦で、その年の元号や年と干支、月の大小、初午、節分、八十八夜など1年の主な行事や季節の変わり目を、大人も子供も分かるように判じ絵でユーモアたっぷりに作成した絵暦だ［図10］。

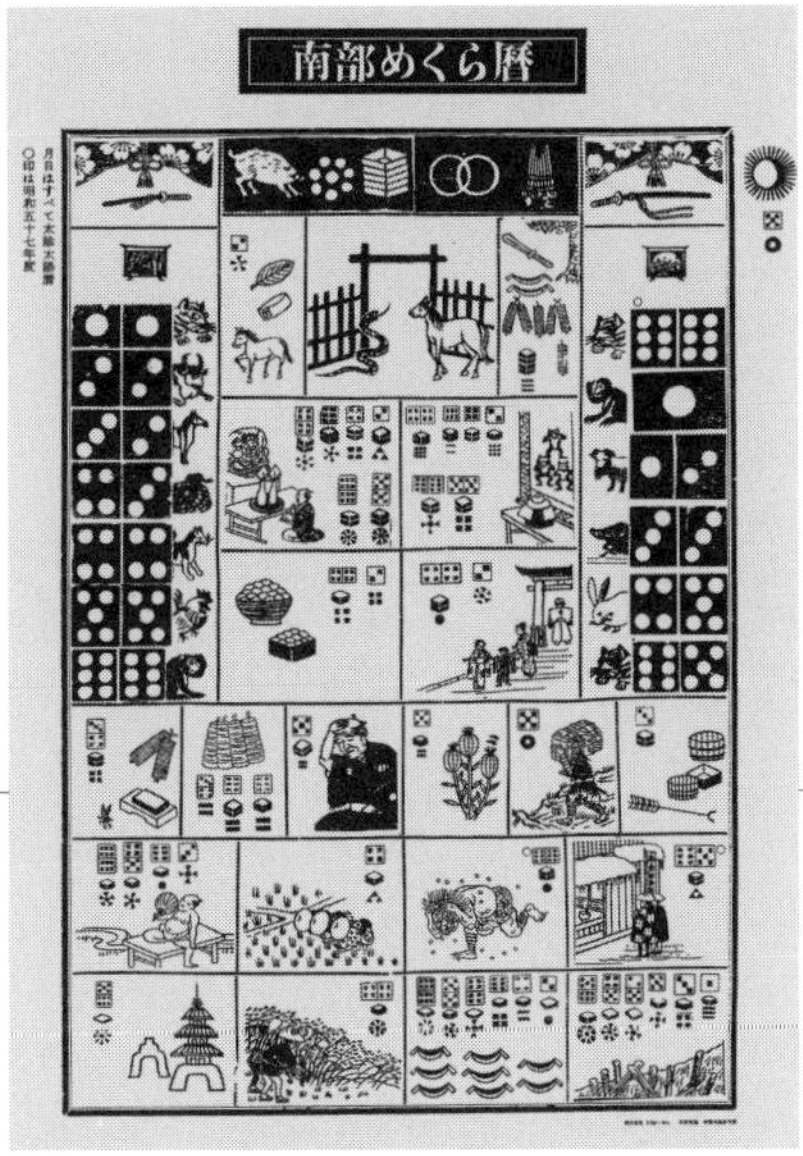

図10
「南部めくら暦」（1982年版）
戦後に岩手の佐藤勝郎が監修して
「杜陵印刷」が出版したもので、
かつての判じ絵で再現されている。

日本独自の暦の編纂

● 渋川春海による貞享暦

宣明暦の使用が極めて長期だったため、江戸時代初期には誤差が蓄積して二十四節気や日食、月食が実際よりも2日早く記載されるなど、ずれが顕在化していた。また、種類が増えた民間暦の間にも閏月の挿入などに混乱が起こり、暦の全国統一の必要が生じていた。この状況を解消しようと暦法の研究に取り組んだのが渋川春海だ。

春海は、1670年に授時暦《じゅじれき》を元に自らの観測によって求めた中国との経度差を考慮して日本独自の暦法を完成させ、大和暦《やまとれき》と名付けて朝廷に上奏した。しかし朝廷はこれを取り上げず、明の「大統《だいとう》暦」へ改暦する準備を進めていた。3度目の上奏のとき、すでに大統暦改暦の詔勅が出されていたが、春海の熱意は師であった陰陽師の土御門泰福《やすとみ》を動かし、朝廷は1684年（貞享元年）10月に大和暦を採用し、当時の元号を採って「貞享暦」と命名して実施した。春海はこの功績によって幕府から天文方に任命された。

日本初の独自の暦、貞享暦は日食、月食の予報において格段の進歩があり、実施された70年間に一度も予報を誤らなかったという。実に823年ぶりの改暦は当時大きな話題を呼び、文芸の世界にも影響を与えた。井原西鶴が執筆した浄瑠璃脚本の『暦』、近松門左衛門の『賢女手習并新暦《けんじょのてならいならびにしんごよみ》』などはその代表例だ。

●編暦権争いの産物――宝暦暦――

西洋天文学による改暦を目指していた8代将軍・徳川吉宗は、1749年に当時まだ11歳の5代天文方の渋川則休《のりよし》と、補助として天文方に任命した西川正休《まさよし》に改暦を命じた。ふたりが京の陰陽頭、土御門泰邦《やすくに》と始めた協議は難航し、作業が捗らないうちに則休の死や正休の失脚によって改暦は頓挫してしまった。その影には編暦権を取り戻したい泰邦の野望があったと言われている。泰邦は京の梅小路の天文台で3年間観測した後、1755年（宝暦5年）に「宝暦暦」を実施した。

しかし宝暦暦は、実施からわずか8年後に、7分も欠ける日食の記載を漏らすという失態を演じた。それは泰邦の実力不足を露呈する結果となったが、そもそも宝暦暦は幕府と土御門家との編暦権争いの末の産物でしかなかったのだ。

正休の助手だった江戸の佐々木文次郎は、幕府の命によって補暦御用となり、牛込天文台（東京都新宿区）での観測を経て1771年（明和8年）に「修正宝暦暦」を実施した。牛込天文台は20年ほど経って周りの木が生い茂り、天文観測に適さなくなったのを機に、1782年に浅草鳥越へ移転した。

西洋天文学による暦の編纂

● 浅草天文台と寛政暦、天保暦

継続的観測による補暦で修正が行われた修正宝暦暦も、結果的には貞享暦からの補暦に過ぎなかった。西洋天文学を独学で学んだ麻田剛立《ごうりゅう》が大坂で開いていた私塾「先事館」には、高橋至時、間 重富、後の天文方の足立信頭、そして加賀藩の時法改正で活躍する西村太冲ら優秀な弟子たちが集まっていた。

1795年3月に、幕府はすでに江戸まで名声が届いていた高橋至時と間 重富に出府を命じた。暦学御用となったふたりは、すでに浅草鳥越に新設されていた天文台（頒暦御用屋敷）で天文観測を行い、暦の編纂に取り組むことになった［図11］。武家の至時はまもなく幕府天文方を命ぜられ、重富は商人であるために天文方ではなかったが待遇は天文方同様だったといわれている。彼らの努力によって寛政暦法は1年余りで完成し、新暦は1798年（寛政10年）より寛政暦として実施された。ここに吉宗の目指した西洋天文学による暦が初めて日の目を見たのだ。

寛政暦実施後も暦法の改良は試みられた。1803年にフランスの天文学者ラランデが著した『ラランデ暦書』を目にした高橋至時は感銘を受け、翻訳と研究に没頭したが翌年に41歳の若さで亡くなってしまった。これを受け継いだのが至時の次男で渋川家の養子となった渋川景佑《かげすけ》だ。景佑は、足立信頭の協力を得ながら『ラランデ暦書』に基づく『新巧暦書』ならびに惑星に楕円軌道を用いる新修五星法を完成させ、1842年には『新法暦書』9冊を完成させ、土御門晴親の校閲を得て1844年（天保15年）に新暦を実施させた。これが最後の太陰太陽暦「天保暦」で、その後明治の改暦によって太陽暦へ引き継がれていくことになる。

● 明治維新による編暦の混乱

1868年（明治元年）に明治政府の成立によって、編暦事業は大きく変革を迫られることになった。翌1869年に旧幕府天文方は廃止された。これに伴い浅草天文台は撤去され、観測器具は後に東京大学へと発展する開成学校へ移管された（残念ながらそれらの器具は残されていない。千葉県香取市の伊能忠敬記念館で象限儀《しょうげんぎ》など当時を偲ぶ観測器具が見られる）。同年1月、この機会に土御門家8代目晴雄が請願した編暦事務が認可され、編暦は土御門家暦役所として編暦業務を行うことになった。しかし、これを所管する大学校（開成学校、昌平学校、医学校を統合したもの）が大学（南校、東校）と組織が変わり、まもなくそれも廃止されるなど混乱が続いた。大学廃止後も存続していた

図11
葛飾北斎が描いた「浅草司天台鳥越の不二」
「富嶽百景」シリーズのひとつ。
高さ数mの築山を築き、そこに板敷きの台を設け、
天体観測装置の渾天儀を設置している。

京都の暦役所は、天文暦道局、星学局と名を変えて本局を東京に移し、京都星学局は廃止された。晴雄の死によって若くして跡を継いでいた土御門晴栄《はれなが》は間もなくお役御免となって、安倍晴明以来900年以上、土御門家を名乗って以来300年余り続いた編暦との関係はここに完全に終了した。

●太陰太陽暦から太陽暦へ

明治時代に入ると西洋との修交が始まり、各種制度の近代化の必要が生じた。そのひとつが改暦である。明治政府は従来の太陰太陽暦を廃止し新たに太陽暦を採用することとした。そして旧暦の1872年12月3日を、新暦の1873年1月1日とし、太陽暦として最も正確なグレゴリオ暦を採用した。

改暦の実施は布告からわずか23日しかなかったため、突然の実施に人々は混乱した。商店、商社は年度の締めが間に合わず、結局1か月遅れとなった。改暦の強行の背景には新政府の財政難があったともいわれている。年度の出費を抑えたかった政府は、明治5年の2日しかなかった12月分と、閏年の旧暦明治6年を新暦に改めて除いた閏月分の、合わせて2か月分の役人の給料を節約し、財政運用の大きな助けになったという。

その後、編暦作業は内務省地理局へ移り、担当部署がめまぐるしく変わるなどさらに混乱が続いた。最終的には、1888年に設立された東京天文台(台長・寺尾寿)が、時刻決定とともに編暦作業を継続的に行うことになるのだ。

機械時計――和時計製作の始まりと終焉――

西洋の機械時計との出会い

● ザビエルが大内義隆に贈った時計

機械時計の伝来について最も古い記録として知られているのは『大内義隆記』に記された1551年の記述だ。

（略）異朝ヨリハ是ヲ聞唐土天竺高麗ノ船ヲ数々渡シツヽ天竺仁ノ送物様々ノ其ノ中ニ十二時ヲ司ルニ長短ヲチガエズ響鐘ノ声ト十三ノ琴ノ絲ヒカザルニ五調子十二調子ヲ吟ズルト（略）

イエズス会宣教師フランシスコ・ザビエルが、山口の戦国大名大内義隆に西洋の機械時計を贈ったことを示す箇所だ。「十二時ヲ司ルニ長短ヲチガエズ響鐘ノ声」の箇所は、明らかに時打ちの鐘を持つ定時法の機械時計の表現で、「十三ノ琴ノ絲」は十三弦の琴と解釈できる。「ヒカザルニ」は人の演奏ではなく自動で演奏の意で、「五調子十二調子」は雅楽および西洋音楽の音律と取れる。これらから、この時計は「琴を自動演奏し定時法時刻を示す時打ち機械時計」つまり奏楽時計と考えられる。

この記述と同一の事柄を示すと思われるのが、ジャン・クラッセの『日本西教史』に見られるフランシスコ・ザビエルが日本を訪れたときの様子を記した箇所だ。

（略）其贈物ハ自鳴鐘楽器各一個其他日本ニ於テ見サル欧州ノ製造物等ナリ（略）

機械時計を表す言葉「自鳴鐘」は、クラッセの原文では「une petite horloge sonate（1台の鐘付きの小型時計）」となっており、『大内義隆記』が示す時計の姿と必ずしも一致しない。

ザビエルは1549年に鹿児島へ到着した。翌年には山口の大内義隆に謁見し、まもなく当初の目的地、京都へ向かった。長く続いた戦乱によって荒廃の極みにあった京都の状況はザビエルを失望させた。京都での布教を断念したザビエルは一旦、平戸（現長崎県平戸市）へ戻り、インドの副王の親書と贈り物を携えて再び山口に向かった。日本の国王に送るべき親書と、時計をはじめ鉄砲、眼鏡、鏡、ガラス機器などの贈物に義隆は大変喜び、ザビエルに布教の許可を与えた。残念なことに時計は、ザビエルの訪問後まもなく起こった、家臣の陶《すえ》晴賢《はるかた》による謀反によって館とともに焼失したため現存しない。

● 信長と秀吉が見た西洋の時計

ザビエルの訪問から半世紀、国内は戦国時代の混乱が続いていた。その中で天下統一の牽引役を果たした織田信長と豊臣秀吉も早くから西洋の機械時計に接していた。

1563年にキリスト教布教のため横瀬浦（現長崎県西海市）に上陸し、30数年にわたって当時の日本を直接見聞したイエズス会の宣教師ルイス・フロイスの『日本史』に時計の記述が見える。そのひとつは1569年にフロイスが布教の許可に対する謝意を伝えるため二条城の信長を訪問し

図12
久能山東照宮に収蔵されている徳川家康の置き時計
（図12〜14、画像提供：久能山東照宮）

た際に、信長の希望で持参した小型の目覚まし時計だ。

フロイスの時計の献上の申し出に対して信長は丁重に断ったという。信長は宣教師たちからはほとんど贈り物を受け取らなかったが、由緒ある寺院の僧正や大名、堺などの商業都市の長らは、信長から朱印を貰うために多額の金銀や南蛮渡来の品を差し出したという。フロイスによれば、それらは西洋の衣服、緋色の合羽、革製品、時計、毛皮外套、切子ガラスなどかなりの数に上った。これから信長は時計をいくつか持っていたと想像される。

信長の後を受けて天下統一を果たした豊臣秀吉も時計に強い関心を示していた。1591年3月、秀吉は巡察師アレッサンドロ・ヴァリニャーノとともに4人の遣欧少年使節を聚楽第に呼んで謁見した。そのときの絢爛たる行列の様子や謁見、宴会の模様、贈り物についてもフロイスが記している。

贈り物の内容は、遣欧少年使節一行が携帯した海図と大陸の地図、イタリアの地図、ローマなど主要な都市の市街図、天球儀、地球儀、時計、書籍などの他、インドの大司教から託された美しい時計や、マントヴァ公太子から贈られた4個の提げ時計も含まれていた。秀吉は謁見の翌日にヴァリニャーノと少年使節のひとり、伊東マンショを呼び出し、時計の調整の仕方を尋ねたという。

時計はキリスト教布教というイエズス会の目的達成の重要な手段だった。この手法は「時計外交」と呼ばれ、イエズス会の東洋進出に効力を発揮したと言われる。

●現存最古の西洋の機械時計

国内に現存する最古の西洋の機械時計は、1609年に千葉県沖で難破したスペイン船救助に対する謝意を表するために、1611年にスペイン国王フェリペ3世から徳川家康に贈られた置時

図13
「HANS·DE·EVALO·ME FECIT EN MADRID·A·1581
（ハンス·デ·エバロが1581年にマドリッドで私を作った）」
と刻まれた正面の銘板（a）と、何も写っていないX線像（b）

計だ［図12］。この時計は静岡県久能山東照宮に収蔵されているもので、正面に貼り付けた銘板のラテン語の文字から、製作者はスペイン王国の公式時計師ハンス・デ・エバロ、製作年は1581年、製作地はマドリードであることが知られていた。

2012年に久能山東照宮の依頼で大英博物館学芸員デービッド・トンプソン氏が行った分解調査の報告書には、興味深い新しい事実が記されている。

家康の時計は次のような理由で極めて史料価値が高い。16世紀頃、南ドイツでは時計師が多く活動していた。それに対して、ハンス・デ・エバロは数少ないフランドルの時計師のひとりで、現存する時計はそれだけで希少価値がある。また西洋で現存する古い時計は、修理や改良によってほとんどオリジナルが失われているのが普通だ。これに対して家康の時計は、1581年の製作当初から日本へ到着するまでの30年間に2〜3の改良が加えられただけで、日本へ来てからは家康の愛蔵品として、そして家康の没後も宝物として大切に保管されたため、ほぼ忠実にオリジナルが保たれている。

さらにトンプソン氏から、銘板についての極めて重要な指摘があった。刻んだ銘板が鋲で固定されているが、フランドルの時計師は銘を本体またはケースに直接刻み、銘板を貼り付けるという習慣はないという。ここに銘板の下に別の銘が存在する可能性が浮上した。

トンプソン氏の指摘の数か月後に、久能山東照宮が静岡大学電子工学研究所に依頼して実施したX線透視試験から衝撃的な事実が判明した。正面の銘板の下には何もなかったが、底面の1581という製作年を刻んだ銘板の下から全く別の銘が発見された。判明した新たな製作者は16世紀半ば頃神聖ローマ帝国カール5世王室時計師だったニコラウス・デ・トロエステンベルク（生年、没年不詳）。製作年は8年遡る1573年、製作地はブリュッセルという事実が確実となった［図13、14］。

これによってトンプソン氏の指摘の正しさが証明されたが、なぜニコラウス・トロエステンベ

図14
製作年を示す1581を刻んだ底面の銘板（c）と、
「NICOLAVS DE TROESTENBERCH ME FECIT ANNO DNI
1573 BRVXELENCIS（ニコラウス·デ·トロエステンベルクが
西暦1573年にブリュッセルで私を作った）」の文字が
読み取れるX線像（d）

ルクの銘を覆い隠し、時計本体正面にハンス・デ・エバロの銘板が貼り付けられたのか、という新たな謎が浮上した。

日本の時計師の時計製作技術の習得

● 日本の時計師の誕生

1846年に深田正韶《ふかだまさつぐ》が編纂した『尾張志』によれば、日本の機械時計製作は朝鮮から家康へ献上された時計が破損した際に京都の津田助左衛門がこれを修理し、それを手本に1台時計を製作して家康に献上したのが最初とされている。この功績によって助左衛門は1598年に尾張徳川家の時計師として召し抱えられた。

しかし最近の研究で、二十八宿を表示する時計仕掛けの天球儀「準天儀」を尾張初代藩主・徳川義直に献じて儒官となった深田正室が、1623年に自鳴鐘を考案して江戸市ヶ谷左内坂の助左衛門に製作させた(「正室時計」と呼ばれた)ことが注目された。これによって、『尾張志』の成立が1844年で初代助左衛門が時計師として召し抱えられた年から約250年後であること、津田家の由緒書の記述が年代を遡ると曖昧になることなど、津田助左衛門を日本の最初の時計製作者とする根拠に問題があることが指摘された。

一方、16世紀末期に安土、京都、有馬、長崎など各地に設置されたキリスト教の神学校、セミナリヨやコレジヨが日本の時計師の時計製作技術の習得に深く関係していたことが報告されている。シリングによれば、セミナリヨはキリスト教の教義だけでなく、語学から音楽に至るまで幅広い教養を身に付けるための総合教育機関だった。さらにセミナリヨには付属の実業学校があり、その内容は油絵、水彩画、銅版彫刻、印刷技術の他、オルガン製作、時計製作、天文機器製作の技術にも及んだという。

『イエズス会日本報告集』「1601、02年の日本の諸事」には長崎のセミナリヨで司祭が歯車時計の製作技術を指導していた事実が記されている。時計には太陽と月の運行を示す天文時計もあり、主な大名に贈られていた。そのひとつは1606年に日本の副管区長フランシスコ・パシオ師の贈り物として、日本語通訳のジョアン・ロドリゲスによって伏見の家康に届けられた。また時打ちの単純な機構の時計も多く作られ、生徒の中には時計を製作して生活費を稼いでいた者もいたという。このことは、既に17世紀の初めには職業としての時計師が日本に誕生していたことを示している。

1612年にキリスト教の信仰禁止によって間もなくセミナリヨは廃止され、キリスト教による各種の教育とともに機械時計の実務教育は終了した。

● 鉄砲の製作技術と時計製作技術

日本の時計師の何人かがキリスト教を通じてその製作技術を学んだことは確かだろう。しかし、津田助左衛門のように独自に製作技術を獲得した可能性も否定できない。それは日本の鉄砲の製造技術と深い関係がある。

1543年にポルトガル人の手によって日本へもたらされた鉄砲は、20年もしないうちに国産化された。戦国大名の戦況を有利に導く切り札となった鉄砲の需要は急増し、近江の国友、和泉の堺など数か所が鉄砲の生産地として栄えた。戦国時代の末期、鉄砲の保有数は数十万挺にも上り、日本は当時世界最大の鉄砲保有国だった。生産地には優秀な職人が集まり、高い水準の冶金技術、鍛造技術、工作技術が蓄積されていた。

徳川家康が征夷大将軍となって平和が訪れると、鉄砲は一挙に需要を失い生産は大幅に減少した。機械時計製作の技術は鉄砲製造の技術と共通性が高く、職を失った鉄砲鍛冶が機械時計製作に転向した可能性は十分考えられる。なぜなら高い技術を持った鍛冶職人なら、津田助左衛門のように時計を復元し製作することはまったく容易と思われるからだ。

● 日本の時計師の活躍

江戸時代に入ると社会は安定し、機械時計製作は着実に根付いていった。それは17世紀後半には京都、江戸、名古屋、仙台、長崎など日本の主要都市で時計師が活躍していたことからも分かる。1685年に出版された名所案内『京羽二重』には京で活躍する「時計師」として平山武蔵、法橋元佐、三宅勝次などの名前が見え、また1690年出版の地誌『増補江戸惣鹿子名所大全』には江戸の「土圭師」として、弓町時計屋理右衛門、鍛冶橋河岸近江守元信、弓町田中市兵衛、神田乗物町北横丁藤原正次の名が、そして同年出版の職人図鑑『人倫訓蒙図彙』巻五の「時計師」の項には京都御幸町八幡丁上ル丁平山武蔵、堀川邊中立賣丁上ル丁元佐、江戸弓町理右衛門、鍛冶橋元信、乗物町正次の名が見える。これらから、時計師が職業として確立していただけでなく、むしろ花形の職業だったことが分かる。

● 竹田近江掾の永代時計

江戸時代のからくり師で興行師としても知られた初代竹田近江掾《おうみのじょう》清房は、阿波から江戸に出て、砂を動力とするからくりで有名になり、1659年には近江掾（工芸師などに与えられる一種の官位）を受領して竹田近江を名乗った。江戸後期に浜松歌国が著した随筆『摂陽見聞筆拍子』は、「竹田近江永代時計の事」の項で竹田近江が製作した「永代時計」の大きさや機能について具体的に記している。

それによると、総高は3メートル弱、ツゲ材の歯の歯車は大小9個、中でも最大の歯車は2.4メートルもあり、金と銀の球による太陽と月を備え、銀の鋲を打った二十八宿の星座がちりばめられ、歯車が回るに従って五星(5惑星)の位置も示すとしている。また冬至、夏至、彼岸(春分、秋分)、日食、月食や、さらには昼夜の長さも表示し、毎朝錘《おもり》を巻き上げれば100年間正しく表示するとしている。

これらから永代時計は、15〜16世紀にヨーロッパで盛んに製作された天文時計と同様のものであることは確実だ。17世紀前半にはジョアン・ロドリゲスが家康に贈った天文時計、深田正室の準天儀の例もあり、当時竹田近江が天文時計を知っていて強い興味を抱いていたことは容易に想像できる。しかし、彼がどのようにして当時の最新の宇宙の知識とそれを実現する歯車機構を学んだかについては不明だ。

和時計の成立

―― 西洋の機械時計の不定法時刻への改良 ――

● 定時法の時計機械を不定時法対応へ

西洋では機械時計の発明によって不定時法から定時法への移行が進んだと言われるが、日本では西洋とは逆に機械時計の方を不定時法に合わせるよう改良する方向へ進んだ。これが日本の機械時計製作史の特殊性だ。

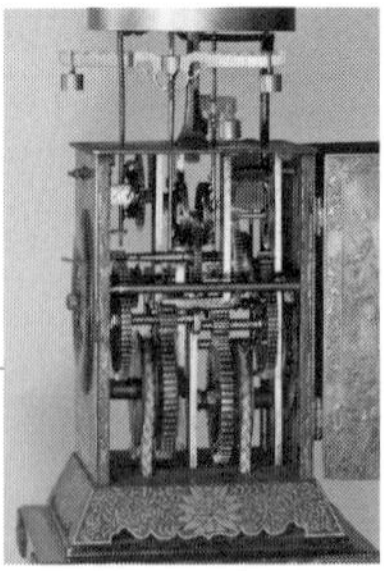

図15

二挺天符機構。棒天符は最上部の鐘の下に2本取り付けられており、上側が昼用、下側が夜用である。掛時計や櫓時計に多く採用されている。

日本の時計師たちがまず行ったのは文字盤の時刻名の変更と、時打ちの数を制御する「数取り車」の改造だった。しかし定時法の時計を不定時法で使用するためには、まだ多くの改良が必要だった。すなわち1日2回、明け六つ、暮れ六つの昼夜時間の切り替え時における棒天符《てんぷ》（天秤状の棒の両側に掛けた小錐の位置で、時計の進み遅れを調節する機構）の小錐の掛け替えと、季節変化による微妙な位置調整の作業が欠かせなかったのだ。この問題を解消するため、日本の時計師は西洋の時計機構に改良を加え、不定時法に対応する日本特有の機構を開発した。それらの機構が二挺《にちょう》天符機構と割駒《わりこま》式文字盤だ。

● 二挺天符機構

二挺天符機構は、昼用と夜用の2本の棒天符を取り付け、明け六つ、暮れ六つで自動的に切り替えるものだ［図15］。これによって調整は、昼夜だけでなく、二十四節気（1年を24等分した季節）の変わり目、つまり約15日毎に行うだけで済むようになり、労力は著しく軽減された。二挺天符機構の発明者については、「京御幸町住 平山武蔵掾長憲」銘の二挺天符掛時計の作者、平山武蔵が最も有力な候補として挙げられる。平山武蔵が武蔵掾を受領していた時期を考慮すれば、発明の時期は1670年代あたりと絞り込める。

● 割駒式文字盤

割駒式文字盤は、回転文字盤の円周に彫った溝に時刻名を刻んだ金属片をはめ込んでスライドさせる可変文字盤で、これを固定指針で読んで時刻を知るものだ［図16］。金属片は将棋の駒に似ているので「割駒」と呼ばれる。割駒式文字盤がいつ誰によって発明されたかという情報はほとんどない。割駒式文字盤は「台時計」や「枕時計」に多く採用され

図16

割駒式文字盤

不定時法の時刻に合わせて、時刻目盛を調節可能にした可変文字盤である。

ていて、それらの機械の素材が鉄でなく真鍮であること、多くは調速機にヒゲゼンマイ付き円天符を採用していることなどから、その発明は江戸時代後期、二挺天符機構より約1世紀遅い18世紀後半というのが定説となっている。

● 和時計という言葉

「和時計」をひと言でいえば、主に江戸時代の日本で、日本の時計師によって製作された不定時法対応の機械時計と言うことができる。和時計という言葉は和時計研究が始まった昭和初期以降から使われるようになった言葉で、江戸時代は「土圭」「時計」「自鳴鐘」「時鳴盤」などと呼ばれた。他に「とけい」という読みに当てた文字として「斗圭」「斗鶏」「斗景」なども使われた。自鳴鐘は中国から伝えられた言葉で、江戸時代中期に大坂の医師、1712年に寺島良安が編纂した日本の類書(百科事典)『和漢三才図会』の「自鳴鐘」の項によれば、「一定に時を刻み時間毎に鐘を打って時を告げる機構の機械時計」つまり西洋の時打ちの機械時計と判断できる。良安の自鳴鐘の項目名に「俗に時計と云う」の文字が添えられていることから、江戸時代後期には時計は自鳴鐘とともに機械時計を指す言葉として使われていたことがわかる。

和時計の形式と主な和時計

● 和時計の形式

和時計は形式的に次のように分類できる。壁や柱に掛けて使用する「掛時計」、四角錐型の台の上

図17
平山武蔵作天文表示一挺天符櫓時計
時計機械の枠柱に「京御幸町之住 平山武蔵掾長憲」の銘が刻まれている。
月の満ち欠け表示機構には、月の満ち欠けを表示するために都合の良い
歯数59の歯車が採用されている。
総高98.0cm、高さ42.2cm、幅・奥行きは15.2cm。

に載せて使用する「櫓時計」、4本脚の台に載せて使用する「台時計」、書院造の部屋の床の間や違い棚あるいは枕元などに置いて使用する「枕時計」、縦型の長方形の箱型で、物差し型目盛りで読んで時刻を知る「尺度計」など、その形式は主に5つである。

掛時計、櫓時計、台時計は、時計機械を壁に掛けるか台に載せるかの違いで、時計機構は同じと考えられがちだが、歯車の列の数によって錘の可動範囲や文字盤の高さが異なるなど、機構的にも確かな違いがある。

枕時計は、金メッキ真鍮製のゼンマイ駆動、髭ゼンマイ付き円天符を採用した時計機械を紫檀製のケースに入れたもので、工芸品としても大変優れていた。このため大名しか持つことができないという意味で大名時計とも呼ばれた。

尺時計は、重錘の下降速度が一定であることを利用したもので、下降する重錘に指針を取り付け、物差し型の目盛りで時刻を読むものだ。目盛りの種類は3種類あり、割駒を縦に並べた直線型割駒式、二十四節気13種の時刻目盛りを7枚の板の表裏に記した節板式、1枚の板に二十四節気の時刻目盛りをグラフ状に描いた波板式がある。

その他、特殊なものとして「垂揺球儀《すいようきゅうぎ》」や「須弥山《しゅみせん》儀」などが挙げられる。以下、主な和時計の例をいくつか紹介する。

● 平山武蔵作 天文表示一挺天符櫓時計

17世紀後半に活躍し、『京羽二重』などに紹介され、二挺天符機構の発明者としても有力な候補の時計師・平山武蔵が、天文表示一挺天符櫓時計を製作している[図17]。

天文表示盤は、太陽針と月針を兼ねた月の満ち欠け表示窓を持ち、太陽針は時刻を示し、月針は旧暦の日付目盛りを示すとともに太陽と月との位置関係も示すようになっている。

図19
戸田東三郎が製作し、伊能忠敬の孫の忠誨（ただのり）が使用した
垂揺球儀の実物（右）と、『寛政暦書』に掲載された図（左）
正面には、1から100まで、100から1000まで、1000から10000までを示す文字盤が上から縦に並び、
さらに下部の2個の小窓を合わせて、振り子の振動数を100万まで数えるカウンターになっている。
（画像提供：香取市伊能忠敬記念館）

図18
津田助左衛門作と推定される二挺天符機構櫓時計
機械底面に刻まれた製作日付「貞享5年辰ノ12月」から、
製作者は3代目助左衛門信貫と推定される。
高さ約25cm、幅、奥行きは11.5cm。
（画像提供：セイコーミュージアム）

鍛冶の鍛造技術で丁寧に製作された歯車や梃子などの伝達機構の丁寧な仕上げは平山武蔵が鉄砲鍛冶職人の系譜であることを思わせる。一方、天文表示機構には西洋のものに見られる機構が採用され、セミナリヨで伝えられた天文時計製作の系譜を想像させる。

● 津田助左衛門信貫作 二挺天符櫓時計

津田助左衛門の3代目、信貫の作と推定される二挺天符櫓時計についても触れる必要がある［図18］。鉄の側板に金銀象限、象形足、時打制御機構へのハート型カムの採用は、津田作だけに見られる特徴だ。

初代津田助左衛門政之から江戸末期の10代目助左衛門良晁までの約250年間に製作された和時計で現存する例は少なく、大英博物館所蔵の1678年作一挺天符櫓時計をはじめ6点しかない。一般に大名の御時計師の場合、製作した時計には主君に対して遠慮し銘を刻まない傾向が強く、これが和時計の研究を著しく困難にしている。

津田助左衛門製作の和時計が少ないのは、役職が時計師兼鍛冶頭であることに一因があると思われる。鍛冶頭は、船の建造に使用する釘や鎹《かすがい》を製作する船鍛冶職人のまとめ役として職人管理や製品の流通管理を行うのが主な職務で、代々の助左衛門は普段は通常の職務を行い、和時計を製作する機会は少なかったと考えられる。

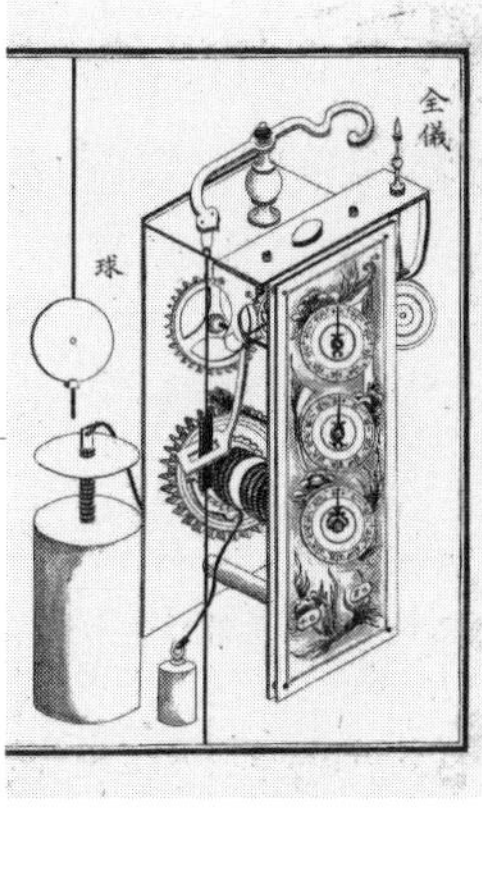

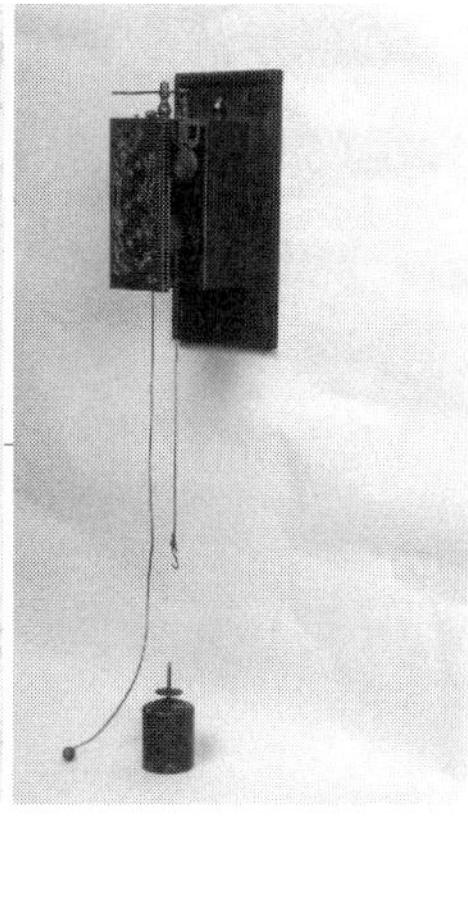

● 江戸の天文時計——垂揺球儀——

「垂揺球儀」は1770年代に大坂で西洋天文学の私塾「先事館」を開いていた麻田剛立と、高橋至

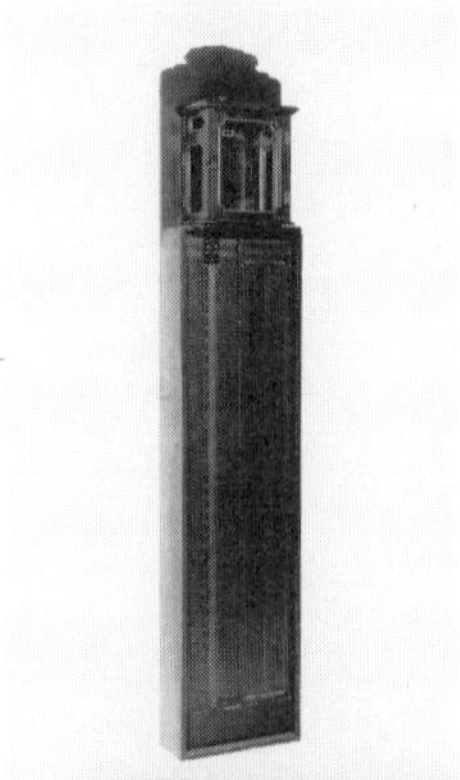

図20
正時版と上部ケース扉の留め金
留め金の意匠の梅鉢紋が加賀藩との関係を示す決定的証拠となった。
正時版は高さ185.4cm、幅36.5cm、奥行き18.2cmの大きさである。
(国立科学博物館 日本館展示)

時、間 重富ら優秀な塾生によって開発された天文観測における時刻測定用の時計だ。当初剛立らは、星食などの天文現象の時刻測定を、イエズス会士フェルビースト(中国名は南懐仁)が著した『霊台儀象志』の図を参考に、手で振った振り子の振動数を数えて行っていた。正午に振り子を振り始め、天文現象の起こった振り子の振れ数を記録し、次の正午まで振り続ける。天文現象の起こった瞬間の振れ数を1日の振れ数で割ると1日に対する比率が求まる。この比率を100倍すると、天文学者が用いていた1日100刻等分の刻数で表した時刻が求められる(例:計算した比率が例えば0.5なら時刻は50刻、0.75なら75刻となる)。

振れ数を間違えないように1日振り続ける作業は、多くの労力と神経を使う作業だった。剛立らはこれを解消するため、振り子の振動数を自動的に数えるカウンター「垂揺球儀」を考案し、京都の四条烏丸の金工、戸田東三郎に製作させた[図19]。

● 加賀の天文時計——正時版——

加賀藩の時鐘所で使用された天文時計「正時版」は、垂揺球儀をカウンターとしてではなく、不定時法の文字盤を備えた時計として使用した例である。正時版は国立科学博物館に展示されているもので、不定時法の時刻をグラフ状に詳細に描いた2枚の目盛り板(文字盤)を備え、特に七つ半と六つの間に挿入された余時が注目される。余時とは、金沢地方だけに見られた特異な時刻だ。当初この時計は詳細で精密な目盛り板から「精密尺時計」の名前で展示されていた。その後、頭部の機械を収納するケースの留め金と下部の引き出しのつまみのデザイン

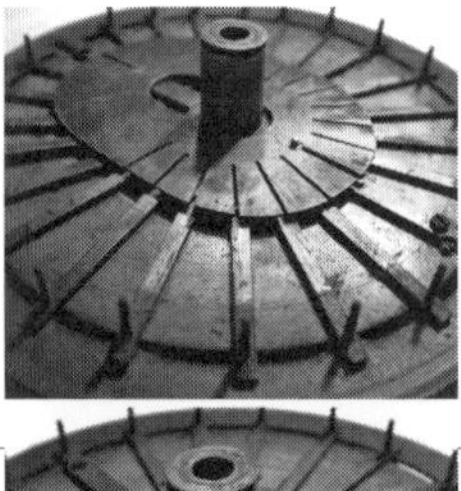
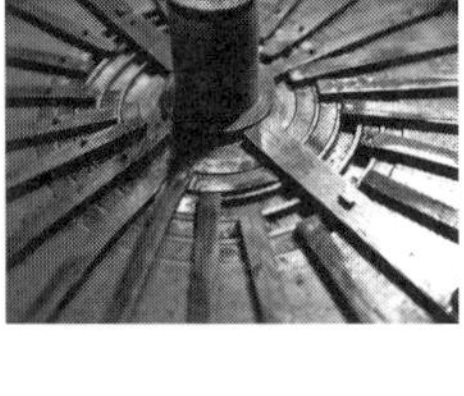

図21
岩野忠之作掛時計の割駒式文字盤の自動機構
上は、文字盤裏側の放射状駆動腕と12個の切り込みを持つ楕円板。
楕円板が往復して駆動腕を1年で1往復させる。下は、放射状駆動腕。
駆動腕の先端のピンの裏側に割駒があり、1年で1往復する。

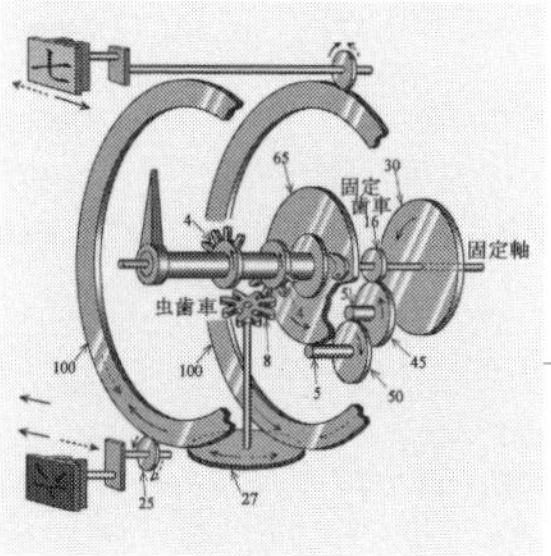

図22
万年時計の自動割駒式文字盤の機構図
軸上の歯数4の2個の片歯車が虫歯車に交互に掛かり、
半年ごとに虫歯車を反転させ、割駒を1年に1往復させる。
久重の自動割駒機構は、文字盤が365.625回転で割駒が1往復する。
これは1年が365.625日で近似することに等しい。

が加賀前田家の家紋、梅鉢紋であることが決定的証拠となって、この尺時計が加賀藩で文政年間の時法改正で使用された「正時版」であることが証明された[図20]。

● 究極の和時計——不定時法自動化機構——

江戸時代末期、時計師たちの飽くなき追求は、より困難な不定時法を自動表示する機構の開発に及んでいた。以下に江戸時代末期に開発された究極の和時計機構「不定時法自動化機構」を採用した和時計の例を挙げる。

岩野忠之作自動割駒式文字盤掛時計：自動割駒式文字盤の和時計としてまず挙げたいのは、紀州和歌山の時計師、岩野忠之作振り子式自動割駒式掛時計だ。文字盤の裏側に組み込まれた歯車機構と切り込みを持つ楕円板によって、割駒を各季節の位置に自動的に合わせるものである[図21]。日付が刻まれていないので製作時期を特定できないが、時計機構を収める四本柱枠と歯車等が真鍮製であること、調速機に振り子が採用されているところから、江戸末期の1800年頃の製作と考えられる。

重要文化財、田中久重作万年時計：からくり儀右衛門と呼ばれた田中久重が製作した万年時計にも自動割駒式文字盤が採用されている。万年時計の自動割駒機構は、他の自動割駒機構とは異なるもので、特に文字盤内部に組み込まれた虫型の歯車「虫歯車」は久重ならではの独自のアイディアによるものだ[図22、23]。

　弓引き童子などのからくり人形を製作し、無尽灯を発明し、佐賀の精錬方で蒸気機関車や蒸気船の模型を製作した久重は、明治維新後の1875年に東京に電信機関係の製作所、田中製造所を設立した。その後、製造所は芝浦製作所となり、東京電気と合併して現在のグローバル企業、東芝へと大きく発展した。明治時代の日本の近代化の成功は、

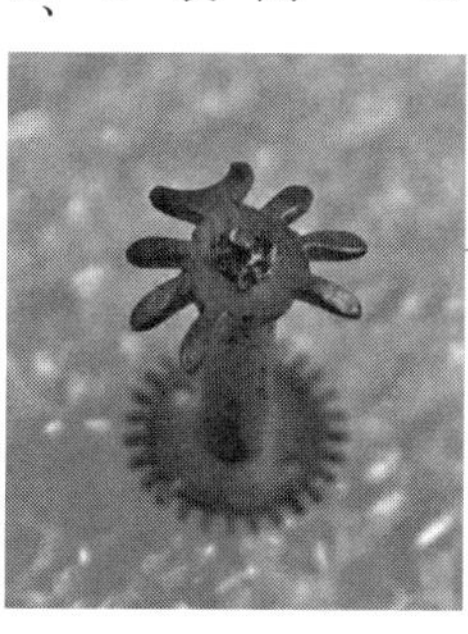

図23
自動割駒式文字盤に組み込まれた虫歯車
虫歯車は久重独自のもので、割駒を1年に1往復させるための歯車として機構に組み込まれている。

図24
円グラフ自動伸縮指針掛け時計
指針が自動伸縮する機構には歯数73の歯車が採用されている。
歯数73と指針機構内の歯車比5を掛けた値365から、
指針の伸縮の周期は指針の365回転で、1年を365日で近似していることが分かる。
（国立科学博物館 日本館展示）

江戸時代の科学技術の基礎があったからと言われている。田中久重はそれを江戸から明治へ身を以て引き継いだ人物で、万年時計はそれを実証する物証なのだ（003頁参照）。

伊豫在政作円グラフ文字盤自動伸縮指針掛時計：もうひとつの不定時法自動化の例として、1835年に伊豫辰之助在政が製作した「円グラフ文字盤自動伸縮指針掛時計」が挙げられる。これは目盛り盤の上に円グラフ状に刻んだ不定時法の時刻目盛りを、季節的に自動伸縮する指針で読み取るものだ［図24］。

1820年代に編纂された広島藩地誌『知新集 六』によれば、伊豫辰之助在政は安芸広島藩に召し抱えられた時計師、伊豫庄三郎から数えて5代目に当たる。

●和時計の終焉

明治維新後の1873年に明治政府は改暦とともにそれまでの不定時法を廃止し、1日24時間の定時法を採用した。これによって不定時法の時刻を表示する和時計は使用できなくなった。一部の和時計は二挺天符を1本取って一挺天符とし、文字盤を西洋のものに交換するなどの簡単な改造を加えて使用された。このような和時計は改造時計と呼ばれた。

1887年に岐阜県恵那郡茄子川村（現在の中津川市）の時計師、勝 利助が製作した掛け時計には、ローマ数字でⅠからⅫまでの時刻を記した西洋の時計の文字盤と一挺天符が採用されている。機構の状況から、この掛け時計は二挺天符からの改造ではなく、一挺天符の定時法の時計として設計されていることが分かる［図25］。

精度の良い掛時計が輸入され、すでに始まっていた国産の掛時計の製造によって和時計の需要は消滅した。勝 利助を最後に和時計の時代は終焉を迎え、代わって新たな時計産業の時代が始まるのだ。

図25
勝 利助作の一挺天符掛時計
機械の高さは26.5cm、幅、奥行き10.7cm。
（国立科学博物館 地球館展示）

コラム 1

明治・大正期に作られた塔時計

高島遊郭・岩亀楼の塔時計

江戸時代の遊郭が時間に深い関心があったことは本書032~033頁で紹介したが、それを象徴する話として遊郭に建設された塔時計について紹介したい。

かつて開港間もない横浜関内の一角に遊郭があった。中でも最大のものが岩《がん》亀《き》楼《ろう》だった。1866年11月、関内一帯をなめ尽くした大火事で焼け出された岩亀楼は、1873年夏に高島町（現みなとみらいの北西の一角）に再建された。

再建された建物は和洋折衷3層の楼閣で、屋根の上には塔時計が取り付けられた。4面に直径2メートルの文字盤を備えた時計は、当時横浜75番商館で時計輸入商を営んでいたスイス人、ファーブル・ブラントが機械を英国から輸入し設置したものだ。付近には芝居小屋、見世物小屋、引き手茶屋が軒を並べ、華やかな花街の様相を呈していたという。塔時計が建設された年は、改暦が発布された、正にその年だった。

① 1930年代に撮られた
高島遊郭・岩亀楼の塔時計
（『横浜市史稿』1932年刊より）

遊郭は単なる遊興の場ではなかった。訪れる外国人、商人、政治家、貴族らの交流によって新しい情報が集散する場所であり、西欧の文明に最も関心の高い場所だった。時間管理に関心が高い遊郭に、西洋の最新の時計が言わば文明開化の象徴として導入されたのは、当然の結果だったと言えよう。岩亀楼に続いて、東京の新吉原遊郭の角海老楼、州崎遊郭の八幡楼というように、次々と遊郭に塔時計が設置されていったのだ。

八官町の大時計と外神田の大時計

明治初年、文明開化の洗礼を真っ先に受けた東京で、市民に親しまれ、東京名物のひとつにも数えられた塔時計が「八官町の大時計」と「外神田の大時計」だ。

八官町の大時計は、当時の京橋区八官町（現在の中央区銀座8丁目付近）にあった小林時計店本店の塔時計だ。2代目小林傳次郎は、1876年に新築の店舗落成の際、2階建ての屋根の上に直径約180センチメートルの文字盤の4面の塔時計を取り付けた。機械はファーブル・ブラント商会が英国から輸入したものだ。

小林時計店の創業は18世紀末頃といわれる。初代・小林傳次郎は錺《かざり》職から転向して時計師として地位を築いた天才的な職人で、日本初のオルゴール付き枕時計を製作した。2代目傳次郎は1854年頃に八官町で新店舗を構え、時計類の販売・修理に携わった。その活躍ぶりは著しく、1868年に江戸入城を果たした官軍から、越後屋（後の三越）らとともに「江戸の7商人」のひとりとして御用を仰せつかった。

外神田の大時計は、当時の外神田旅籠町（現在

②

③

の千代田区外神田3丁目付近）にあった京屋時計店本店に、八官町の大時計よりひと足早い1875年頃に取り付けられた塔時計だ。文字盤の直径は約210センチメートルで、ウェストミンスターチャイムを打ったという。京屋時計店は、水野伊和造が1873年に創業した時計店であり、塔時計が取り付けられた時期は、八官町の大時計と同じ頃だ。
水野伊和造は、刀鍛冶から時計師に転向した職人だ。新時代の到来を予期して改暦の年に時計店を開いた伊和造は、類い希な商才を発揮し、獅子をデザインした「京屋組」の看板を弟子たちに与えて独立させ、ファーブル・ブラント商会から輸入したスイス製懐中時計の販売網を組織した。京屋組は、当時としては革新的な全国規模の流通機構だった。
八官町の大時計も外神田の大時計も、まだ建物が低かった町並みでは際立った存在であった。それらの塔時計の光景に、市民は文明開化と時代の変化を実感したに違いない。

旧札幌農学校演武場の塔時計

あの丘はいつか来た丘　ああそうだよ
ほら白い時計台だよ

北原白秋の「この道」の歌詞の2番だ。有名なこの歌は、札幌の北一条通りのアカシア並木と、時計台をモチーフに作詞されたと言われている。1878年に作られたこの時計台は、現在も札幌のシンボルだ。

1876年、北海道開拓のために人材を育成する教育機関として開設されたのが札幌農学校（現国立北海道大学）だ。初代教頭（事実上の校長）ウィリアム・スミス・クラークが「青年よ、大志を抱け！」の言葉を残したのはあまりにも有名だ。開校から2年後に、鐘楼を伴った演武場が完成した。当初鐘だけの予定が、当時の開拓使長官黒田清隆の一喝によって時計を設置することになり、機械が米国ボストンのハワード社に発注された。

大型4面の時計の文字盤は直径1.6メートル。

②外神田の大時計（『新撰東京名所図会』第24編より）
③旧札幌農学校演武場の塔時計（撮影：佐々木勝浩）

機械は重錘駆動の1週間巻きであり、長さ1メートルの木製秒振り子と精度の良い直進型のアンクル脱進機が採用された。青銅製の鐘は東京の芝・赤羽の工部省赤羽工作分局が製作した。

札幌農学校は日本の初の学士号を与える最初の教育機関だった。その卒業生に新渡戸稲造、内村鑑三、有島武郎など明治期の中心的役割を担う錚々たる人材を輩出したことは、その教育がいかに先進的であったかを示している。白秋の詠った白い時計台は、現在なお当時のままの鐘の音で市内に時を告げている。

旧山形県庁舎・文翔館の塔時計と阿部式電気時計

山形市街北部の一角に、塔時計を戴いた旧山形県庁舎、現在の山形県郷土館・文翔館《ぶんしょうかん》がある。建物は1916年完成の英国近世復興様式のレンガ建築で、その堂々たる風格は国指定重要文化財に相応しい。

塔時計は赤銅色の塔に直径約1メートルの4面。白色の文字盤が映えて、正に日本を代表する塔時計建築と言うべき建物だ。時計は建設当初のものが現在なお使用され続けている。時計は大正期に山形市内の時計店主、阿部彦吉が製作した電気式の親時計で、当初は県庁舎と隣接の議事堂など数十か所の子時計を駆動していた。

1911年、山形市街地北部を襲った大火事によって県庁舎は全焼した。塔時計の再建において、山形県は主な時計商に見積書を出すよう依頼した。これに応じたのが東京の服部金太郎、小林傳次郎、山形の阿部彦吉の三者だった。実績のある東京の二者を抑えて、一介の時計店主だった阿部彦吉が総額650円で受注を果たしたのは、最低の入札金額と、彦吉考案の時計の提案が採用されたからだ。

彦吉は18歳で東京へ出て、小林時計店で3年間修業した後、山形へ帰って時計店を開いた。彦吉は独学で電気学の基礎を学び、これを時計に応用できないかと考えた。当時すでに普及が進んでいた電灯線はまだ停電が多く、時計の電源には向かなかった。彦吉は馬蹄形磁石の磁場に置いた電動子にバネを取り付け、これにファーブル・ブラント商会から導入した塔時計機械を連結。電動子を1分ごとに引いて解放することでパルスを発生させ、数十個の子時計を駆動させる方式を考案し、県庁舎に設置した。親時計が多くの子時計を制御するこの方式こそ、特許として認められた「無電源方式親子時計」だったのだ。

④ 山形県郷土館・文翔館の塔時計（撮影：佐々木勝浩）

その後出資者を得て、阿部式電気時計製造会社が設立された。方式も無電源方式から当時開発が進んでいた乾電池式に改められたが、阿部式は1分毎のごく短い時間しか電流を流さないため、約1年もの間、電池を交換をせずに済んだという。例えば、霞ヶ関の公官庁、駅、学校、郵便局、銀行、病院などの施設が多数の子時計を必要とするなか、阿部式電気時計の設置は数百か所に上った。

現在、阿部式電気時計はほとんど残されていない。しかし「機械はすべて構造が簡単であるほど価値が大である」という経験に裏付けられた阿部彦吉の言葉は、現在のシステム工学の信頼性の基本なのだ。

第2章

明治・大正期に推し進められた「時」の近代化

井上 毅

現代と比べると昔の日本人はのんびりしていた。江戸時代末期の外国人の日記には「日本人が時間を守らない」と不満が記された。

明治以降、日本人の時間感覚が大きく変化していった。西洋流の近代的な技術や制度が急速に導入されたのだ。

郵便や鉄道が整備され、正確な時の必要性が高まり、人々に正確な時を知らせる報時の技術も進んでいった。

世の変化を追うように、大衆の時間に対する意識が徐々に高まっていった。

明治時代から大正時代の日本人の「時」意識を変える象徴的な出来事として、「明治の改暦」、「標準時の導入」、「時の記念日の誕生」などがある。

本章では、明治・大正期に推し進められた「時」の技術や制度の近代化と、日本人の時間感覚の変遷を紹介する。

明治時代の「時」

定時法の導入 ―― 明治の改暦 ――

明治維新から数年間、人々は不定時法の時刻で生活していた。現在の2時間程度の差は許容範囲だった。時間感覚はゆったりとしていた。明治政府は江戸幕府が作った様々な制度を近代的なものに変える必要に迫られていた。時刻制度も、正確な時刻管理の求められる一部の事業から定時法が導入されていった。

明治政府は、改正掛という政策立案組織を設置した。リーダーは、渋沢栄一だ。メンバーのひ

図1
東京一大阪間の郵便局で使用された時刻表
（画像提供:国立国会図書館デジタル）

とりである前島 密は通信や交通の整備を進めるべきと主張した。前島は、江戸時代の飛脚便という仕組みを西洋流に置き換えて、郵便制度を整備した。郵便事業は1871年4月20日（旧暦明治4年3月1日）に東京―大阪間で開業した。郵便では、手紙や小包などの郵便物を、ある郵便局から別の郵便局までまとめて移動させてから個別に配達する。郵便局間での郵便物の受け渡しには、時間通りの輸送が重要だった。太政官布告「各地時間賃銭表」（1871年1月24日）には、東京から大阪までの書状の運搬に要する時間が記載されていた。例えば「東京を出て箱根は七時、掛川は十五時九分」「大阪到着は三十九時」などとなっている。「時」「分」は時刻ではなく、江戸時代の時刻制度を参考にした独特の単位であることに注意が必要だ。「一時《いっとき》」は現在の約2時間、「一分」は「一時」を10等分したもので、現在の約12分に相当する。東京から箱根まで14時間、掛川まで31時間48分、大阪まで3日6時間ということになる。書状集箱には「×字」と、西洋流の時刻制度も併記された［図1］。「字」を用いたのは「時」との混同を避けるためである。郵便制度は新旧の時刻制度が混在した形で運用を開始した。

鉄道事業は1872年5月7日、品川―横浜（現桜木町）間で仮開業した。初日は1日2往復だった。鉄道の時刻表でも、従来の「時」との混同を避ける意図で「字」という文字が用いられた。朝、横浜を8字0分に出発し、品川に8字35分に到着した。所要時間は35分。品川発は9字0分で、横浜着は9字35分。夕方は横浜を16字0分に出発し、品川に16字35分に到着。品川は17字0分に発車、横浜着は17時35分だった。仮開業ながら、鉄道の運行は大きな話題となった。物珍しさで乗車を希望する人々で長蛇の列ができ、翌日から6往復

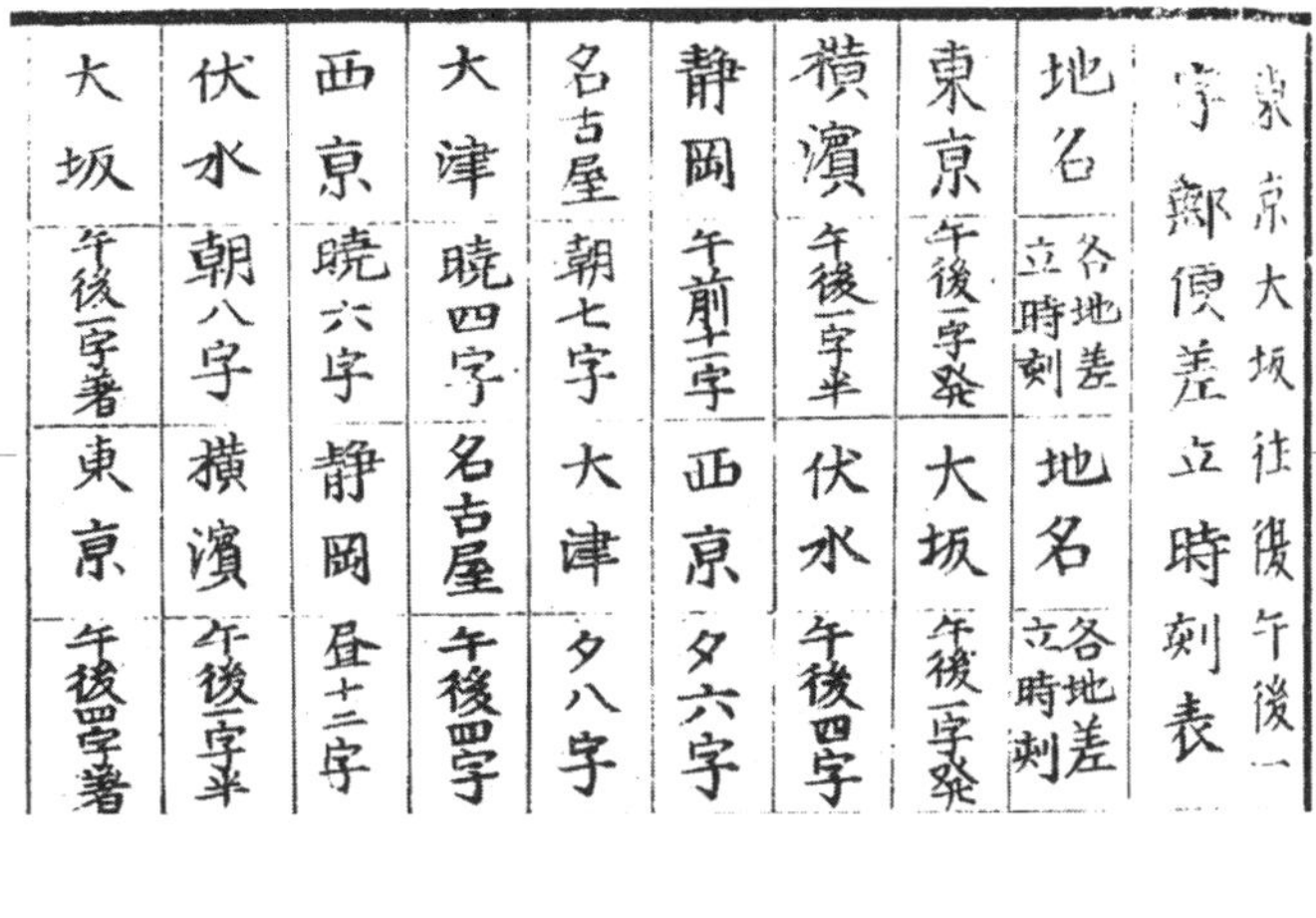
東京大坂往復午後一字郵便差立時刻表

地名	各地差立時刻	地名	各地差立時刻
東京	午後一字発	大坂	午後一字発
横濱	午後一字半	伏水	午後四字
静岡	午前十一字	西京	夕六字
名古屋	朝七字	大津	夕八字
大津	暁四字	名古屋	午後四字
西京	暁六字	静岡	昼十二字
伏水	朝八字	横濱	午後一字半
大坂	午後一字著	東京	午後四字著

新橋ー横浜間汽車運賃表

上り車時刻表									賃金表		
横浜	午前八字	九字	十字		午后三字	四字	五字		上等	中等	下等
神奈川	八字六分	九字六分	十字六分		三字六分	四字六分	五字六分		十八銭七五	十二銭五	六銭二五
鶴見									三十七銭五	二十五銭	十二銭五
川崎	八字二三分	九字二三分	十字二三分		三字二三分	四字二三分	五字二三分		五六銭二五	三七銭五	十八銭七五
品川	八字四〇分	九字四〇分	十字四〇分		三字四〇分	四字四〇分	五字四〇分		九三銭七五	六二銭五	三一銭二五
新橋									一円一二銭五	七五銭	三七銭五

下り車時刻表									賃金表		
新橋									上等	中等	下等
品川		午前九字五分	十字五分	十一字五分		午後四字五分	五字五分	六字五分	一八銭七五	一二銭五	六銭二五
川崎		九字二三分	十字二三分	十一字二三分		四字二三分	五字二三分	六字二三分	五六銭二五	三七銭五	一八銭七五
鶴見									七五銭	五〇銭	二五銭
神奈川		九字三九分	十字三九分	十一字三九分		四字三九分	五字三九分	六字三九分	九三銭七五	六二銭五	三一銭二五
横浜		九字四五分	一〇字四五分	一一字四五分		四字四五分	五字四五分	六字四五分	一円一二銭五	七五銭	三七銭五

図2
新橋―横浜間の鉄道の時刻と運賃表
（画像提供:国立国会図書館デジタル）

に増発された。正式な開業は同年9月12日に新橋―横浜間で開業した。列車には明治天皇のほか、西郷隆盛など政府の要人が乗車した。新橋を10字0分に出発した列車は、11字0分に横浜へ到着し、街は祝賀ムードに包まれた。この日を新暦に直した10月14日は、「鉄道の日」となっている。

鉄道では「何時にどの駅に列車が到着するか」ということが最重要である。運行のためには、各駅で同じ時刻を示す時計が必要になる。時刻表は、西洋流の定時法で表記された[図2]。問題は時刻表を作成しても、人々が時刻を知る方法がほとんどないことだった。そこで駅では毎正時に鐘を鳴らして時を知らせた。駅の時計は正午号砲（後述）で合わせられた。鉄道運行を正確にするため、発車時刻の15分前には駅構内への立ち入りは禁止された。発車時刻の10分前までに駅で切手（切符）を買うこととなっていたが、乗客に時間の観念がないため、発車時刻はしばしば遅れた。鉄道の利用者は、日常にない「分」刻みの時間を体感することになった。

学校での教育でも西洋流の時刻制度の導入が準備されていった。算数の教科書である『筆算訓蒙《ひっさんくんもう》』（1869年）では、西洋流の時刻制度を説明した上で、「24時間が何分であるか」という問題や、「東京とグリニッジとの時差」を計算させる問題などが取り上げられている。学校での心得がまとめられた「小学生徒心得書」（1873年）には授業開始の「10分前」に登校することが記載され、幼児の教育の手引きとなった「幼童絵解運動養生論説示図」（刊行年不明）には「毎日教授を朝九時より始まり」などと活動の時刻が表記されている。「小学教則」（刊行年不明）では定時法の時間割が組まれ、「一日五字一周三十字ノ教程　日曜日ヲ除ク」など「字」という文字を使って、定時法による時間割が導入された。西洋流の時刻制度を学ぶことが、教育上も重要な課題となっていた。明治維新後の急激な変化の中で、西洋流の時刻制度に移行するための機運が高まっていた。

1872年（明治5年）11月9日、明治政府は「太政官布告」を発表。それまで使っていた暦を新暦へ改暦することを公布し、旧暦の明治5年12月3日を新暦の明治6年1月1日へと移行させた。「明治の改暦」である。改暦に伴い、時刻制度も不定時法から西洋流の定時法へ変更された。この改暦は急な決定であったことから、各所で混乱が生じた。

福沢諭吉は、政府からの説明が不足していることに問題意識を持ち、『改暦弁』を執筆した［図3］。同書には改暦の意義が簡潔明快に記された。時刻制度に関しては「一昼夜が24時に分けられる」「西洋の一時は日本の一時の半分の時間である」「一時の60分の一を1分（ミニウト）という」「1分の60分の一をセコンドといい、1セコンドはおよそ脈拍一動分である（秒という言葉は改暦弁には登場していない）」などと説明された。福沢は風邪で伏せた状態にもかかわらず、6時間ほどで改暦弁を書き上げたという。これが本人も驚くベストセラーとなった。

明治の改暦により、和時計は役に立たなくなった。和時計を新しい時刻制度に適合させたものもあったが少数で、海外から機械式の掛時計や懐中時計が多く輸入されるようになった。時計は高価であったため、庶民の手には入らず、駅や郵便局、官公庁のような公共施設に置かれた［図4］。1874年には、全国の郵便役所・郵便取扱所（郵便局の最前身）1000か所に輸入品の八角時計が配られた。多くの日本人にとって初めて見る時計で、わざわざ見物に訪れる人もいた。

各所の時計を正確に調整するために、時報が出された。

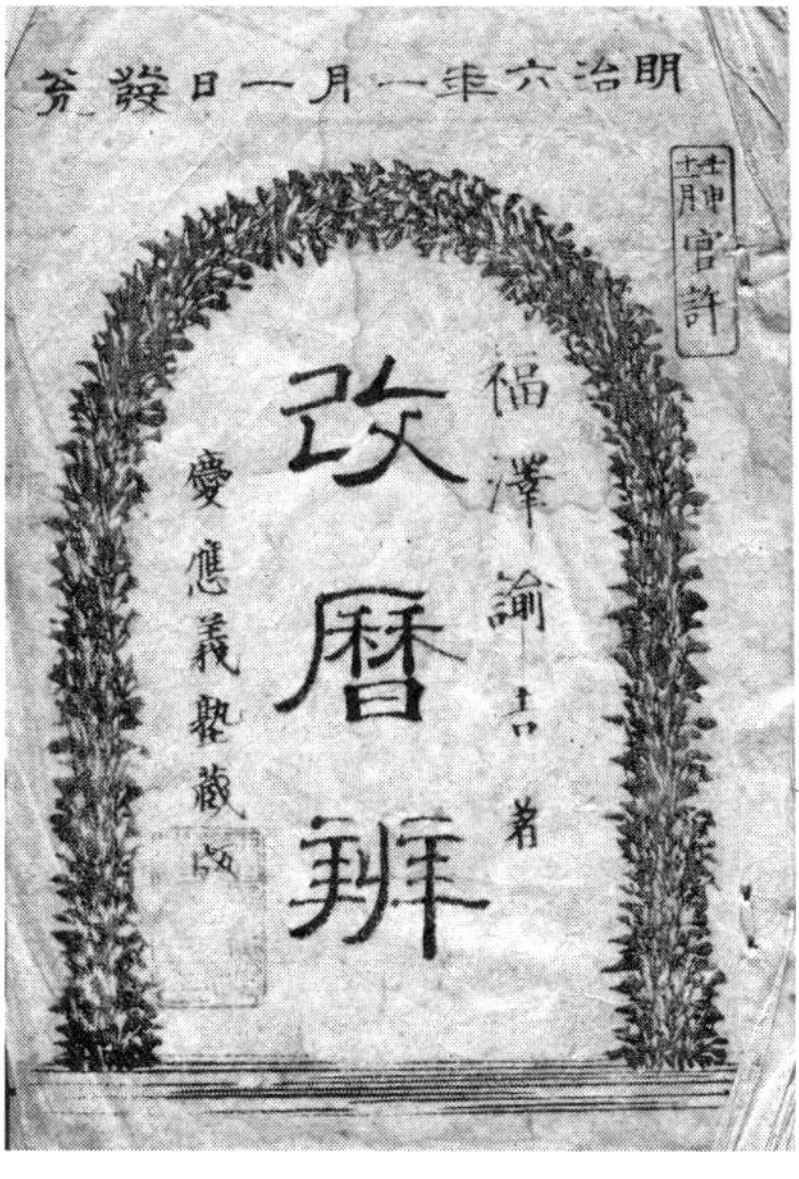

図3
福沢諭吉『改暦弁』（明石市立天文科学館館長 所蔵）

1872年に工部省(明治初期の中央官庁のひとつ)が地方局に正午の時報を知らせた。1878年3月19日、「正午報辰規則」によって「時刻の一斉を保完するため、来る4月1日より電信各分局(鉄道線各分局を除く)に備え付けられた自鳴鐘は東京の正午時辰に基づいて正すべし」と達せられた。手順は次の通りである。①正午5分前には電報の送受信を停止する。②正午3分前にスイッチの向きを変え、電流を流通させる。これで電鈴が鳴りだす。③正午に電気を断つ。これが正午の時報となった。電気を断つという方法は、シンプルながら瞬時に情報を伝えることができるため、電波による無線報時が普及するまでは、とても有用な方法だった[図5]。こうして、全国の電信各分局は元日と日曜日を除く毎日、本局からの信号により正確な東京の正午の時刻を得て自局内の時計を合わせることとなった。

郵便局の時計のうち、大きな局では電信により時報が届いたが、小さな郵便局では正午計(日時計)で時刻を合わせた。当地で太陽が南中したとき(地方時)を正午としたのである。地方時は経度によって異なる。小さな郵便局では、地方時が使用されていたことになる。鉄道の分野では、「東京—横浜」と「東京—高崎」の路線では東京の時刻、「京都—大阪」の路線では大阪の時刻が使用された。当時の内務省が暦を発行したり、気象観測したりする際には、東京よりも全国との時差を小さく取り扱うことができる京都の時刻が採用された。1888年に「標準時」が導入されるまで、国内の時刻は統一されていなかった。

庶民が正午を知るには「正午号砲」が活躍した[図6]。正午号砲は大砲を鳴らす報時方法である。日本で最初の正午号砲は大阪の兵営所で1870年6月25日より、続いて和歌山の兵営所で1871年

図4
三代目 歌川広重による「東京開化名所 四日市郵便役所」
時計の取り付けられた郵便役所と、
馬に乗って郵便物の輸送をする郵便外務員の姿が描かれている。
(1875年/画像提供:郵政博物館)

図5
「東海名所改正道中記 境木の立場 程か谷 戸塚迄二り九丁」
三代目 歌川広重によって、松の木に架かる電線が描かれている。
（1875年／画像提供:郵政博物館）

7月12日より開始された。

東京の正午号砲は同年9月9日より開始され、皇居内の江戸城本丸にて毎日正午に大砲が鳴らされた。「号砲台」と呼ばれた設置場所は現在の皇居東地区附属庭園内にあたり、当時は小高い石垣上にあった。正午号砲は、兵部省（陸軍省の前身）から発案されたものだった。それまで時計の時刻がまちまちで、時刻を定めた軍務を果たすことが難しかったことから、基準となる時刻を共有するために、定時に空砲を撃つというものだった。これが認められたため正午号砲は兵部省の業務となり、近衛砲兵の下士官1名、兵2名の計3名が任務に当たった。

号砲のタイミングは下士官が決めた。下士官が大隊本部から時計2個を持参、別の兵が大隊本部から時計1個を持参し、3つの時計を下士官が見比べて決定した。号砲発射は日々3分早かったり、2分遅れたりという具合だったという。このような精度ではあったが、正午号砲は大衆が時を知るもっとも便利な方法であり、「午砲」あるいは「どん」と呼ばれて親しまれた。正午号砲は、静かであった当時の東京ではよく響いて、現在の山手線内の各地域で聞くことができた。開業したばかりの鉄道も、正午号砲を基準として時計を調整していた。気象条件が良ければ、茨城県の筑波山でも聞こえたという。非常に大きな音だったため、偶然近所に居合わせた人の中には驚いて腰を抜かす人もいた。夏目漱石の小説『坊っちゃん』には「先生と大きな声をされると、腹

図6
正午号砲
『誌上時展覧会』（南光社）で紹介された様子。

が減った時に丸の内で午砲（どん）を聞いたような気がする」と大きな音の比喩として登場している。

正午号砲は1879年から日本各地の兵営所在地に広がった（大砲は現在、東京・小金井公園や大阪城で展示されている）。

この時代に現代的な国産の時計産業の萌芽を見ることもできる。1872年には「金元社」の創業者、金子元助が東京麻布広尾付近の古川を利用し、商品化には至らなかったものの、水力で起こした動力を用いた時計製造を成功させた。時計の輸入が盛んになると、時計会社が次々に創立された。民間の時計塔も東京中に作られ、人々に時を知らせた。現在「セイコー」で知られる時計メーカーの創業者、服部金太郎が服部時計店を開業したのもこの頃で、1881年のことである。改暦後、停止していた東京・上野の「時の鐘」も、西洋流の時刻制度で鳴らすようになった。庶民の間では15分程度の精度で時刻を知ることができる日時計が普及した。

明治時代前半、技術の精度的には1分程度、一般大衆の時間感覚としては1時間程度が最小単位だったと思われる。精度はそれほど高くないものの、明治改暦の前後で比較すれば、人々の時間意識は緩やかながら確かに高まったといえるだろう。

標準時の制定

明治初期、東京の鉄道は東京時刻、大阪の鉄道は大阪時刻というように鉄道分野では地方時が用いられていた。地方時は経度ごとに異なり、経度15度で1時間の差が生じる。例えば東京と長崎の経度差10度は40分の時差に相当する。時差が問題にならない狭いコミュニティ内で物事が完結していた時代には、特に問題はなかった。ところが鉄道や通信が発達してくると事情が違ってくる。どこの地方時を採用するかという問題が生まれ、全国で同一の標準時を定める必要が出てきた。

標準時の必要性は科学技術の進んだヨーロッパでは切実な課題であった。鉄道の普及に伴い、各鉄道会社は本社の地方時を基礎とした時刻表を作成した。鉄道は、国内の時刻を統一する働きを持った。例えば19世紀中頃のイギリスでは、鉄道の普及に伴い、イギリス全土でイギリス南東部にあるグリニッジ天文台の時刻が採用された。

アメリカは東西に広大な国であったため多数の地方時が用いられており、標準時の必要性への事情は一層切実だった。1880年頃、アメリカは全国でグリニッジからそれぞれ5、6、7、8時間遅れた4つの標準時を採用するようになった。同じ頃、カナダ太平洋鉄道のサンドフォード・フレミングは地球一周360度を15度間隔つまり1時間の時差で24の基準子午線を選ぶことを提案した。異なる基準子午線に属する国は、1時間の時差、分・秒は正確に同じとすることで、利便性を高めるというアイディアである。一連の会議でこの提案は支持されたが、問題は世界の基準となる子午線の本初子午線をどこに定めるか、ということだった。

1884年、アメリカのワシントンで国際子午線会議（本初子午線並計時法万国公会）が開催され、本初子午線や標準時について話し合われた。イギリスとフランスの間で本初子午線をめぐっての綱引きがあったが、結果的にイギリスのグリニッジ天文台を通る子午線を、世界中の経度と時刻の基準となる本初子午線とすること、そこから経度が15度隔たるごとに1時間ずつ時差を持つ時刻を、世界の各国が使用することが決議された。

フランスはこの決議にはなかなか同意しなかった。フランスがようやく決議に同意したのは1911年である。パリ天文台はグリニッジ天文台から経度で2度20分東にあり、地方時で9分21秒の差であるが、フランスは隣接したイギリスから1時間も進んだ標準時を採用した。フランスの法律では、本初子午線の時刻をパリの平均時から9分21秒を差し引いたものとして、グリニッジという言葉を避けている。フランスの反対姿勢はあったものの、世界の大勢は国際子午線会議の決議を受け入れた。日本は、東京大学の菊池大麓《だいろく》を代表として、この会議に出席した。アジア唯一の参加国となった日本は、決議に全面的に賛成した［図7］。

日本では1886年（明治19年）、国際子午線会議の決議に基づき、標準時に関する勅令第51号「本初子午線経度計算方及標準時ノ件」が発布された。署名日は7月12日、発布日は13日である。その内容は、

一、英国グリニッチ天文台子午儀ノ中心ヲ経過スル子午線ヲ以テ、経度ノ本初子午線トス。
一、経度ハ本初子午線ヨリ起算シ、東西各百八十度ニ至リ、東経ヲ正トシ西経ヲ負トス。
一、明治二十一年一月一日ヨリ、東経百三十五度ノ子午線ノ時ヲ以テ、本邦一般ノ標準時ト定ム。

というものである。発布された年は、小学校令、中学校令、師範学校令、帝国大学令が公布され、日本の学校制度が確立された年だ。標準時の導入にあたり、翌年7月4日付の官報に、各府県庁所在地の地方時と標準時の時差表が秒単位で掲載された［図8］。さらに12月19日の官報には、標準時はわが国全般に守るべきものであること、また西の地方においては従前より早くなり、東の地方では従前より遅くなることなどが重ねて周知されていた。

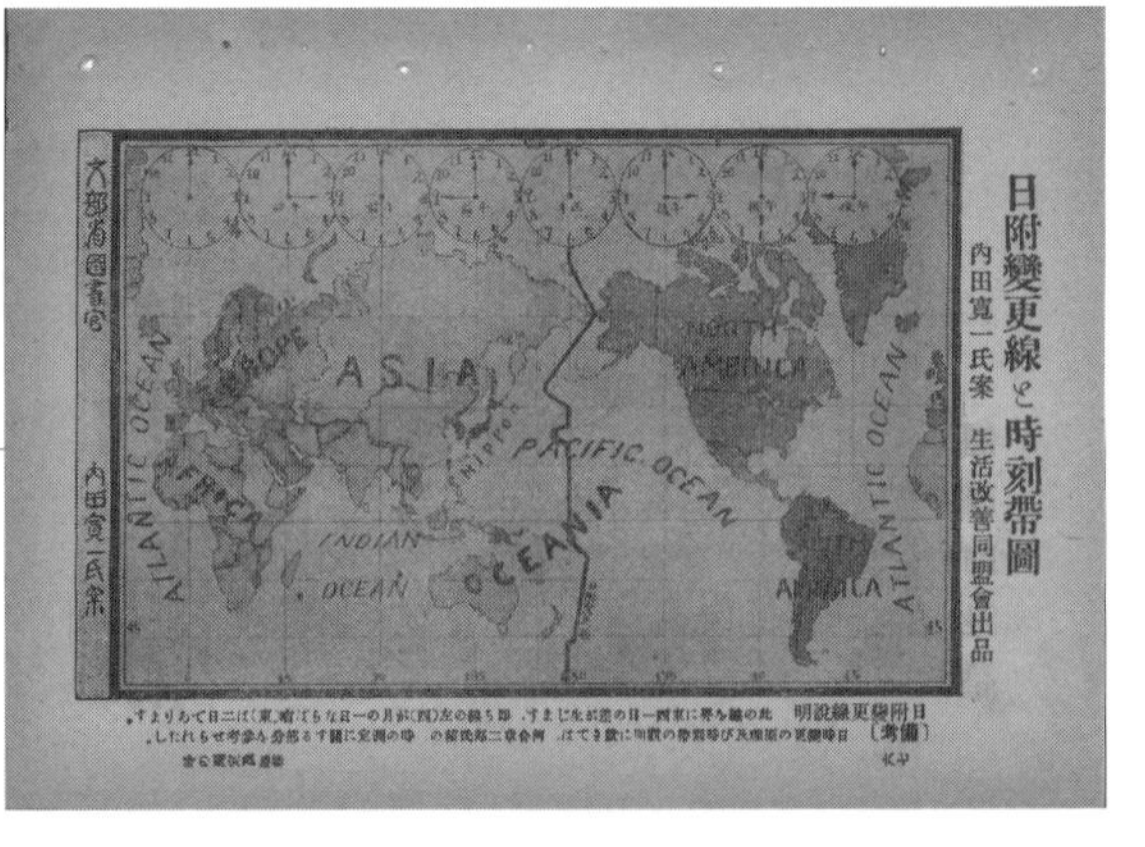

図7
日付変更線と時刻帯図
大正時代の「『時』展覧会」で展示された。
（画像提供：国立国会図書館デジタル）

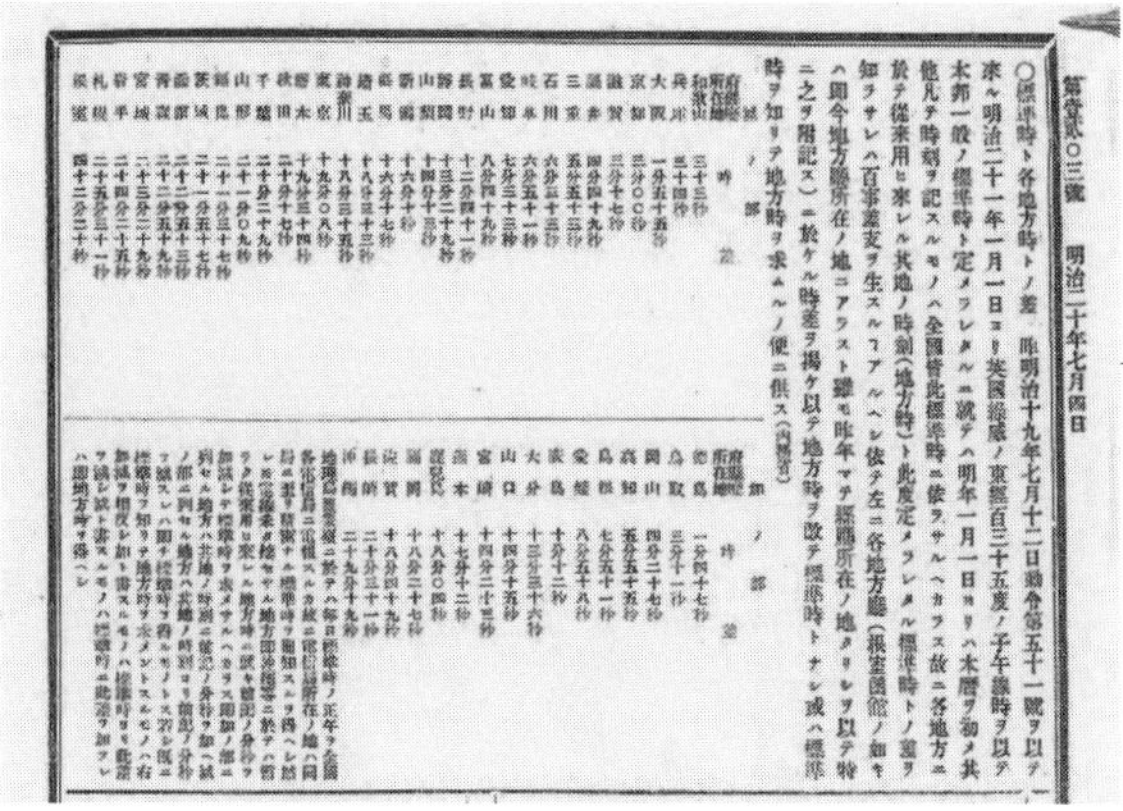
明治二十年七月四日

○標準時ト各地方時トノ差 明治十九年七月十二日勅令第五十一號ヲ以テ來ル明治二十一年一月一日ヨリ英國緑威ノ東經百三十五度ノ子午線時ヲ以テ本邦一般ノ標準時ト定メラレタルニ就テハ明年一月一日ヨリハ本暦ヲ初メ其他凡テ時刻ヲ記スルモノハ全國皆此標準時ニ依ラサルヘカラス故ニ各地方ニ於テ從來用ヒ來レル其地ノ時刻(地方時)ト此度定メラレタル標準時トノ差ヲ知ラサレハ百事差支ヲ生スルコトアルヘシ依テ左ニ各地方廳(根室函館ノ如キハ即今地方廳所在ノ地ニアラスト雖モ昨年マテ縣廳所在ノ地タリシヲ以テ特ニ之ヲ附記ス)ニ於ケル時差ヲ掲ケ以テ地方時ヲ改テ標準時トナシ或ハ標準時ヲ知リテ地方時ヲ求ムルノ便ニ供ス(内務省)

図8

明治20年7月4日付の官報

1888年1月1日午前0時0分、標準時が内務省地理局観象台から全国の電信局に通報され、東京やその他午砲のある都市では号砲が発された。鉄道が全国を標準時で運行し、学校では標準時の時間割によって授業が行われた。

郵便事業では、標準時制定の動きに合わせて、1885年6月12日に「郵便物逓送時計取扱規則」を制定した。正確な時間で郵便物の運送を行うため、運送を担う逓送人には逓送時計(懐中時計)を携行させていた。時計の外箱は施錠される構造になっており、時間の改ざんができないようになっていた。標準時が導入されると、主要な郵便局には電信で標準時が知らされた。電信の届かない小さな郵便局では、「正午計」と呼ばれる日時計が時刻の校正に用いられた[図9]。正午計には時差表が付けられた。これにより、それまで地方時で時間を修正していた小さな郵便局の時計も標準時に合わせられるようになり、全国の郵便事業が標準時で行えるようになった[図10]。

日清戦争後となる1895年に、日本は清国(現在の中華人民共和国)から割譲された台湾を日本の領土に編入した。日本から西に遠く離れた台湾で、東経135度の日本標準時を使うと、太陽の動きが1時間程度遅くなってしまう。そこで、1895年12月27日に公布された明治二十八年勅令第百六十七号により、東経120度の子午線を基準にした時間を「西部標準時」とした。範囲は、台湾および澎湖《ほうこ》列島、並びに八重山及び宮古列島で、中央標準時よりも1時間遅れとなる。これに合わせて、東経135度子午線上の標準時は「中央標準時」と改称された。

なお、日本に標準時がふたつ存在することで時差が生じてしまい、軍令上の間違いなどが起こりやすく不便と感じられたこともあり、西部標準時は軍の要請などによって

図9

正午計

水平器やコンパスが取り付けられ、

正しく南中を測ることができる。

(画像提供:郵政博物館)

図10
正午計の裏面に記載された時差表
(画像提供:郵政博物館)

1937年に廃止された。中央標準時を定めた条文はそのまま残ったため、名称はひとつしかない標準時に「中央」が付いたまま今日に至っている。「日本標準時」という言葉は、法律上は中央標準時が正しい表現といえる。

　明治後半、庶民の時間感覚はまだのんびりしていたが、時間励行の意識を高める動きが徐々に出てきた。米国人ベンジャミン・フランクリンの「時は金なり」という言葉が日本語に翻訳され、教科書でも紹介された。500以上の会社を興した渋沢栄一が時間の使い方を工夫したことで知られたように、実業家の中には、時間を正確に守ることを実践する人物も出ていた。1890年に電話サービスが開設され、急速に普及した。当初は電話交換手が手作業で接続したが、利用者の増加に対応して、時間短縮の改善が早期に行われた。

　標準時が導入され、技術が進み、実業界でも正確な時への意識が高まっていたが、多くの人々の時間感覚はまだのんびりしていたようだ。石川啄木『雲は天才である』には、1906年に啄木が小学校で教員を務めた経験が記載されていて、当時の時間感覚がよく分かる。作品はこのような書き出しで始まる。

「六月三十日、S村尋常高等小学校の職員室では、今しも壁の掛時計が平常《いつも》の如く極めて活気のない懶《ものう》げな悲鳴をあげて、――恐らく此時計までが学校教師の単調なる生活に感化されたのであらう、――午後の第三時を報じた。大方今は既《はや》四時近いのであらうか。といふのは、田舎の小学校にはよく有勝《ありがち》な奴で、自分が此学校に勤める様になつて既に三ヶ月にもなるが、未だ嘗《かつ》て此時計がK停車場の大時計と正確に合つて居た例《ためし》がない、といふ事である」。

小説のさりげない表現から、当時の人々の状況や感覚を読み取ることができる。この短い文章からも、時報で正しく時計を合わせていた停車場の時計は正確だが、時報の届かない場所にある職員室の時計は大きくずれていた（学校という場所においてもあまり問題になっていなかった）ということが分かる。一方で、作品の後半では「三秒、五秒、十秒、と恐ろしい沈黙が続いた」という表現も見られる。1時間ずれていても気にしない雰囲気の中で、「秒」を意識していく描写がおもしろい。

1910年、兵庫県明石郡では、東経135度子午線上に国内初の子午線標識が建立された［図11］。これは教育者の提案で人々に時間意識を持たせることを目的とした標識である。当時の明石の人々は、自分たちの町に日本標準時の子午線が通っていることを意識していなかったのだ。最初の子午線標識の建立から、明石は「時のまち」としての歴史を歩み始めた。

標準時の導入以降、技術的には「秒」の保持が行われるようになっていった。大衆は生活の中で「分」という時間を認識するようになっていったが、全体にはまだゆったりとしていたといえるだろう。

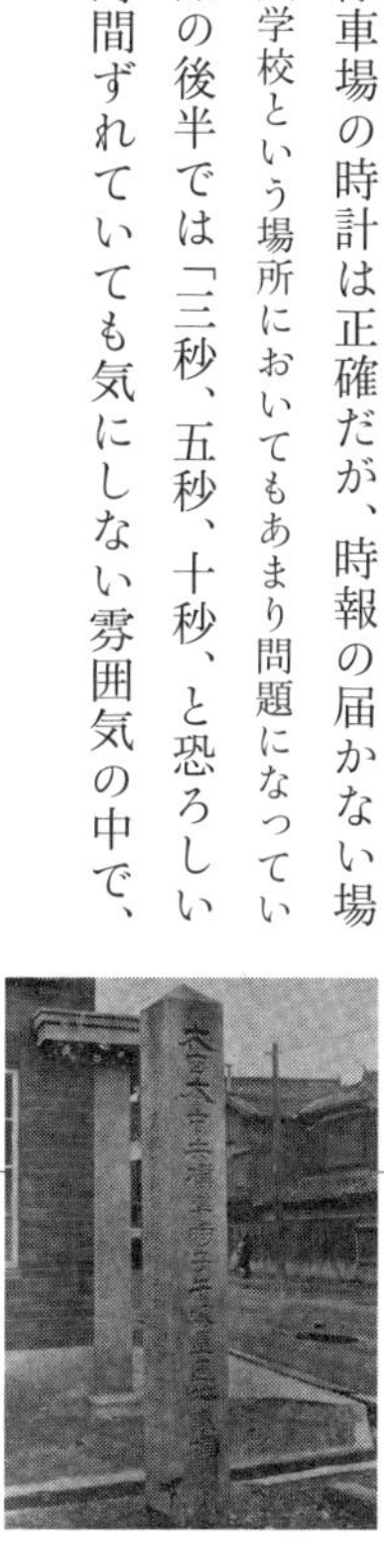

図11
明石に建立された最初の子午線標識

明治・大正期の天文学と「時」

古い時代から天文学と時には深い関わりがある。時を知らせる際、正確な時計が必要だが、時計を正す出発点は天体観測だ。時刻を決定するとき、ある星が南中する時刻を観測し、予想された

図12
金星の太陽面通過（2012年、明石市立天文科学館撮影）

時刻と比較して、ずれを検討・校正することで当地の時刻が決定される。主要な国には英国・グリニッジ天文台、フランス・パリ天文台、アメリカ・ワシントン海軍天文台など、時刻を決定する天文台があり、国の重要な機関として位置づけられていた。日本でも報時事業や暦の編纂、地図作りのために、天体観測を行う設備が必要となっていた。後述する金星の太陽面通過は大きな刺激となり、観測機器が整備されていった。

明治初期、天体観測は東京にある政府の3つの機関で行われていた。

ひとつ目は海軍観象台である。1874年、海軍省水路寮（現海上保安庁海洋情報部）は、欧米に見られるような海軍天文台を目指し、麻布板倉町に「海軍観象台」を設置した。

ふたつ目は、編暦業務を行っていた内務省地理局（現国土地理院）にあり、1877年より赤坂葵町の地理局構内で陸地測量の基準決定に必要な天象観測を行っていた。その後、1881年に旧江戸城本丸天守台に観象台が建設された暦は、京都を基準の子午線として編纂していた。

3つ目は、東京大学理学部で1877年4月に誕生した。理学部には「数学・物理学及び星学科」が設置され、1878年には本郷に観象台が建てられた。ここには口径15センチメートルの赤道儀と口径6センチメートルの子午儀が設置され、学生の実験や授業に用いられた。1886年に「帝国大学令」が公布されると、東京大学は工部大学校を統合して帝国大学となり、天象台は「理科大学天象台」と呼ばれることになった。理科大学の学長は、国際子午線会議に出席した菊池大麓だった。

文部省は、海軍・内務省と共同で天文台を設立することを提案したが、三者の調整がつかない状態が続いた。最終的に1888年、麻布飯倉町の海軍観象台の場所に「東京天文台」を設置することになり、東京天文台は報時システムの中心的な存在となった。ここからは、明治・大正期の天文と時の事情を紹介しよう。

図13
金星観測により三角測量から天文単位を測る原理
ケプラーの法則から、太陽と金星、地球の距離の比率が分かる。
金星の太陽面通過を観測し、金星と地球の距離を実測できれば、
太陽と地球の距離（1天文単位）を決定できる。

• 科学の黒船「金星の太陽面通過」

明治初期の日本の報時技術に大きな影響を与えた天文現象があった。1874年12月に起こった、金星の太陽面通過である。日本はこの観測の中心地となった。一連の出来事は「科学の黒船」と評されることもある。

金星の太陽面通過は130年間に2度しかない珍しい現象である。太陽面を通過する金星は、黒いシルエットとして観測される［図12］。太陽面に対する金星の位置を地球の各地から調べることにより、三角測量の原理で地球と金星の距離や、地球と太陽の距離を正確に求めることが期待された［図13］。太陽と地球の距離は、1天文単位といって、天文学上の基本的な単位である。1天文単位を正確に決めることは、様々な天体の距離を正確に知ることにつながる。これは天文学の根幹に関わる重要な観測であり、金星の太陽面通過の観測は世界一斉の一大事業として取り組まれた。観測には高精度な時刻信号を必要とした。ちょうど世界中に電信の網が整備されている時期でもあったことから、金星太陽面通過の観測は、国際通信網の発達への大きな推進力になった。

日本では、1871年に大北電信（グレート・ノーザン・テレグラフ、デンマーク）によって上海—長崎間、ウラジオストック—長崎間の海底電線が付設され、1872年1月には長崎—ロンドン間の電信サービスが開始された。同年4月には国内電信ケーブルと接続され、急速に電信網の整備が進んだことで、金星の太陽面通過観測には十分間に合う形となった。

極東の日本は地理的に観測の重要な位置にあった。米国政府から、日本政府に金星の太陽面通過の観測協力の申し入れがあると、海軍水路局（現在の海上保安庁海洋情報部）の柳《やなぎ》楢悦《ならよし》は、最先端の天文観測技術を学ぶ絶好の機会と考え、政府にこれを受け入れること、自身が同行して科学技術を学ぶことを進言した。柳は「海の伊能忠敬」と呼ばれ、海図作成に活躍した人物であり、当時、

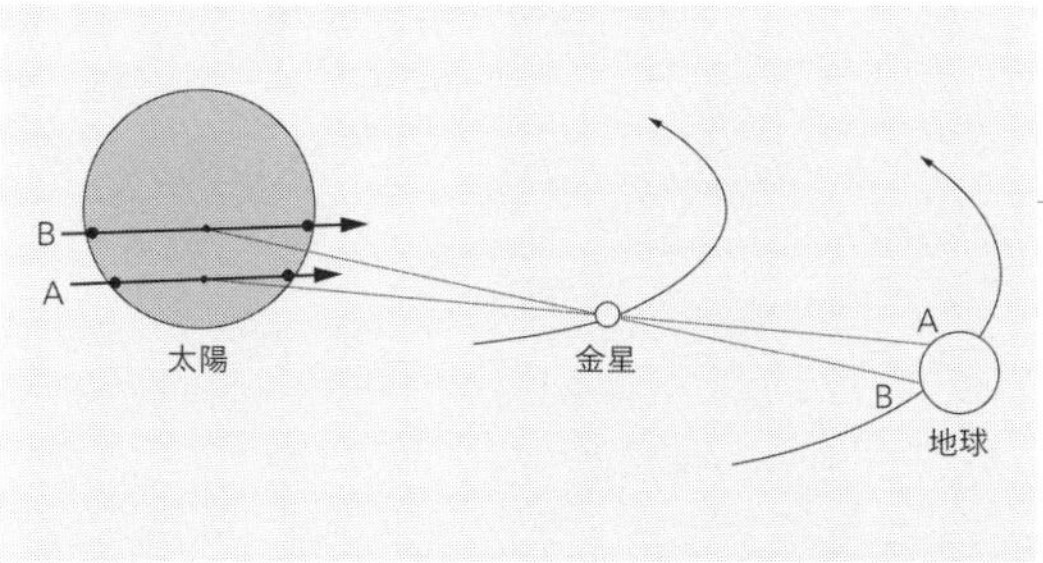

図14
麻布時代の東京天文台
（『東京天文台の百年 1878–1978』
東京大学出版会、1978年より）

水路業務の一環として観象（天文・気象の観測）の業務の必要性を力説していた。柳の意見を受けて、海軍は1871年9月12日に水路局を設立し、測量の基礎となる天文観測を実施するため観象台（天文・気象を観測する施設）の設置を目指した。

日本側の協力姿勢が明確となったため、最終的にアメリカ・フランス・メキシコの観測隊が訪日することとなった。観測場所は長崎、神戸、横浜が選ばれた。これらの土地は、外国人の居住受け入れ体制が整っているとともに、電信も整備されていた。観測はそれぞれ成功し、現在も各地に記念碑が残っている。長崎で観測を行ったアメリカ隊のジョージ・ダビッドソンは、三角測量の精度を上げるため、ウラジオストックと長崎の経度差を求めた。長崎とウラジオストックで同じ星を観測し、電信を使って南中時刻を調べ、南中時刻の差から経度差を求めることができたのだ。柳らは観測隊に同行し、測量や報時技術の習得に力を入れた。

金星太陽面通過の観測後、アメリカ隊の技師チットマンらは、柳の依頼を受けて東京に移動し、長崎—東京間の経度差を測定した。観測地は東京・麻布板倉町の水路寮海軍観象台が選ばれ、測量が行われた。この場所はチットマン点と呼ばれ、その後、1882年10月から三角測量の基準となった。1885年には内務省地理局との協議の上、海軍観象台（チットマン点）の経度が日本国内の経度の基準となり、1918年9月19日に改訂されるまで使用された。金星太陽面通過は、天文学上の世界的な注目だけでなく、日本の科学技術に大きな影響を残していったのだ。まさに科学の黒船である。

● 東京天文台の報時システム

1888年6月2日、麻布板倉町の海軍観象台の場所を引き継ぐ形で東京天

図15
1880年、ドイツのA. REPSOLD & SÖHNE社製のレプソルド子午儀
子午儀とは観測精度を高めるため子午線方向にしか動かないようにして、
天体の子午線通過時刻を調べることに特化した望遠鏡のこと。
レプソルド子午儀は経度測量と時刻の決定に用いられ、
日本の測地原点の経緯度を決定した。

図16

1879年、ドイツ・ハンブルグで製作されたメルツ・レプソルド子午環
子午環は、子午儀と同様に子午線方向にしか動かない望遠鏡であるが、
大きな目盛り環と読み取り用の顕微鏡がついていて、天体の南中高度も測定できる。
メルツ・レプソルド子午環は周極星観測から、
緯度の決定や周囲極星の赤緯の決定に使用された。

文台が設立された[図14]。チットマン点に隣接する場所には天体観測用の子午環が設置され、寺尾 寿が理科大学教授との兼任で初代台長になった。職員は台長含めて6人。観測係3名、編暦係が2名という体制だった。当初の主な機器は、地理局から引き継いだ口径20センチメートルのトロートン赤道儀(現在国立科学博物館に展示:重要文化財)、水路部から引き継いだ口径13.5センチメートルのレプソルド子午儀(現在は国立天文台に展示:重要文化財)[図15]、口径14センチメートルのメルツ・レプソルド子午環[図16](のちに関東大震災で大破)がある。報時室では、中央標準時のマスタークロックのひとつとしてリーフラー天文時計が使われた[図17]。

東京天文台の創立とともに、遍暦業務と報時業務は天文台が行うことになった。晴れた夜に天体観測から正確な時刻が決定された。観測には子午儀が使われた。子午儀とは、子午線(南北)の方向にのみ向けられる特殊な望遠鏡である。天体が南中する瞬間を観測して、予想された時刻との差から、時計を修正して、時刻が決定された。時刻の決定では、5つの報時用時計の誤差および日差などがそれぞれ独立に算出され、毎日午前11時30分に標準時計を比較し、正しく修正された。修正された時刻は、時計の中でも高精度なムーブメントを備える「クロノメーター」に反映された。この報時用クロノメーターが定刻になると自動的に電流が断たれ、これにより各地へ報時が行われた。

東京天文台の観測で決定された時刻は、正確な時刻を必要とする事業に向けて報時された。大正時代に催された「時」展覧会(後述)の資料によると、日曜を除く毎日、正午の時報として、次のような手順で届けられた[図18]。

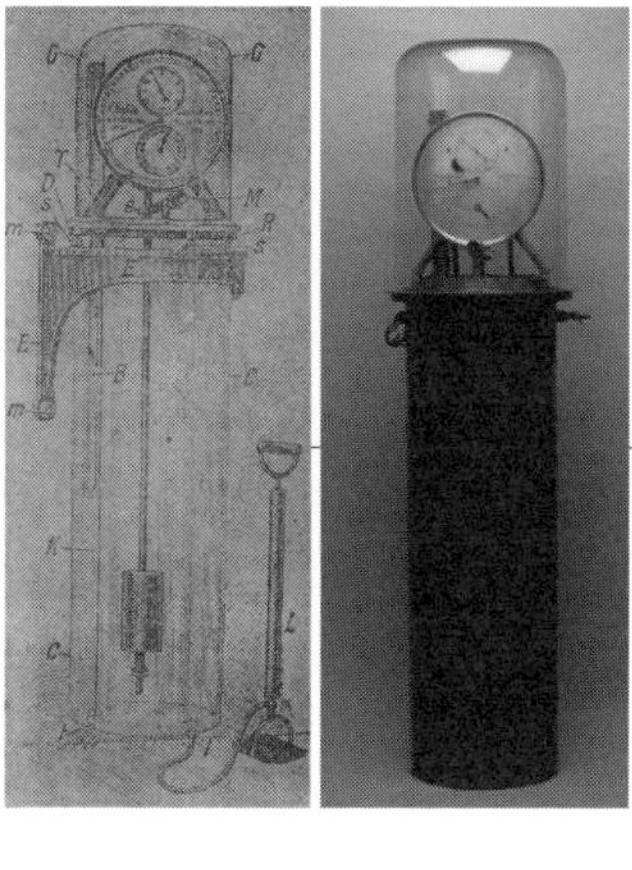

図17

ドイツ人ジグムント・リーフラーが1891年に開発したリーフラー天文時計
時計全体は、使用時の気圧変動を防止するため
下部の鉄の筒と上部のガラス容器で密閉されている。
日差は50分の1秒程度と、当時の機械式振り子時計としては最高の精度で、
水晶時計や原子時計が出現するまでに635台が製作された。

①東京天文台で午前11時55分、日本橋、江戸橋の中央電信局（当時、郵便や通信を管轄した逓信省の所管の官署）へ1番線と名付けられた電線によって電流を送る。
②中央電信局でこれを合図に天文台の2番線、3番線、4番線を横浜、神戸、門司の報時球（後述）に通じる電線と、直通に接続しておき、正午3分前に天文台にて各報時球へ電流を送る。
③②を合図に全国の主要な郵便局、鉄道省の汐留駅等に通じる電線の全部通信を止めて自動報時機へ接続し、天文台からの電流によって各地の電鈴を鳴らす。
④正午に報時用時辰儀《じしんぎ》（クロノメーター）より電流が断たれると一斉に鈴が止まった。この方法で全国の時を合わせていた。

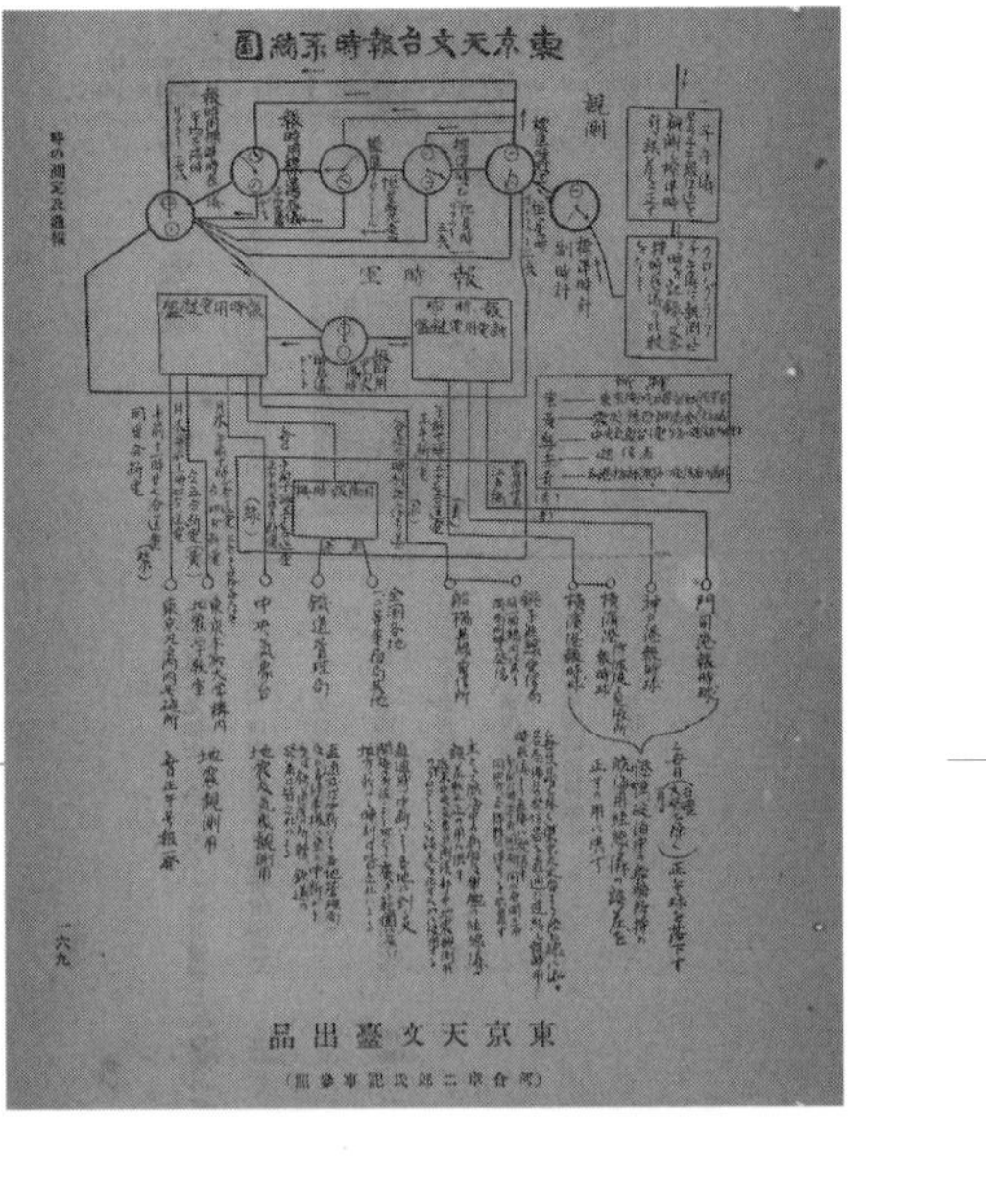

図18
東京天文台の報時系統図
「『時』展覧会」での展示に向けてまとめられたもの。

報時球‥「報時球」は球の落下で時を知らせる報時装置だ［図19］。かつて世界中で活躍し、港の風景として親しまれたが、なかでも船舶にとって重要なものであった。船舶は天体観測をもとに、現在地の緯度・経度を把握する。特に経度を知るためには正確な時計が不可欠だった。18世紀後半、英国のジョン・ハリソンは船舶上でも正確に作動する時計（クロノメーター）を発明した。当時の時刻合わせは天文台で行われていたが、クロノメーターが普及すると、多くの船員が時刻合わせのために天文台を訪問した。常に混雑状態となった天文台はこの時刻合わせの方法を問題視した。そこで考え出されたのが、報時球である。報時球は、直径50センチメートルから2メートルほどの大きさの鉄球がポールに取り付けられたものである。この球を吊り上げ、決められた時

図19
横浜にあった報時球
『誌上時展覧会』の記録より。

刻に落下させることで、時刻を知らせた。大砲のように音で時報を知らせる方法では、音速の制限があるために距離によって時報が遅れて伝わる。目視で確認を行う報時球は、伝達速度の問題がなかった。船の乗組員は、望遠鏡や双眼鏡で球の落下を観測し、落下の瞬間に時計の秒針を合わせた。日本の報時球は、1904年に横浜と神戸に、1908年に門司に設置された。のちに長崎、呉、佐世保、大阪にも設置されている。

東京天文台の報時は、横浜、神戸、門司の報時球を司った。報時は、日曜祝日を除く毎日、次の手順で行われた。

①正午の約5分前にウィンチにより球を巻き上げ、
②正午の3分前に天文台より送電、電磁石の力で球を保持し、
③正午のタイミングで天文台は報時用時辰儀の電流を断ち、球を落下させる。

無線報時：報時球のみでクロノメーターを合わせるだけでは不安が残るため、無線による時報技術も発達した。無線電信はイタリア人グリエルモ・マルコーニが発明し、無線報時は世界各国で普及した。日本では、1911年12月1日より東京天文台から電信線を通じて銚子無線電信局に信号が送られ、報時電波が発射された［図20］。1916年には船橋無線局が開局した。この整備にあたっては、東京天文台の早乙女《さおとめ》清房《きよふさ》と逓信省工務課の宮村雄介らが熱心に取り組んだ。銚子と船橋の無線電信報時は、次の手順で行われた。

①日曜日を除く毎夜午後8時55分に東京天文台より中央電信局に信号送信
②中央電信局より銚子と船橋に直通に連結
③東京天文台の報時用時辰儀より陸上線で両局の発信機を自動的に作動
④午後9時00分00秒（グリニッジ時の正午）、9時1分0秒、2分0秒、3分0秒、4分0秒の各5回に、各時特別な予備信号を送信し、1秒間連続の長点を送り、その始端で時刻を指示

なお、無線報時の最初の目的は船舶用であったが、電信線よりも正確に時刻を知ることができるため、やがて各地の測候所や地震観測用のクロノメーターで使用されるようになった。経度観測でも利用された。1928年に明石市立天文科学館で行われた子午線観測においてもこの無線が使用されている。

学術用の時報：気象や地震の記録では現象の発生時刻を正確に記録する必要がある。このような学術目的の時報は他の報時作業と時間が重ならないように、正午の時報とは別に行われた。

中央気象台（千代田区麴町、現在の気象庁の前身）では、1891年の濃尾地震を教訓として地震計を整備した上で、1892年2月より東京天文台の報時の受信を開始した。気象、地震の観測のために毎週月曜と木曜日の午前11時1分より通電し、11時20分より20秒ごとに信号を送り、11時4分0秒電流を断って、報時とした。

東京大学地震学教室へは、地震観測のために毎週月曜日、木曜日午前11時4分東京英国大学理学部地震学教室内の地震観測所へ電流を送り11時5分に電流を断った。震災予防調査会の依頼に応じて1905年12月より開始した。同所は1923年の関東大地震の

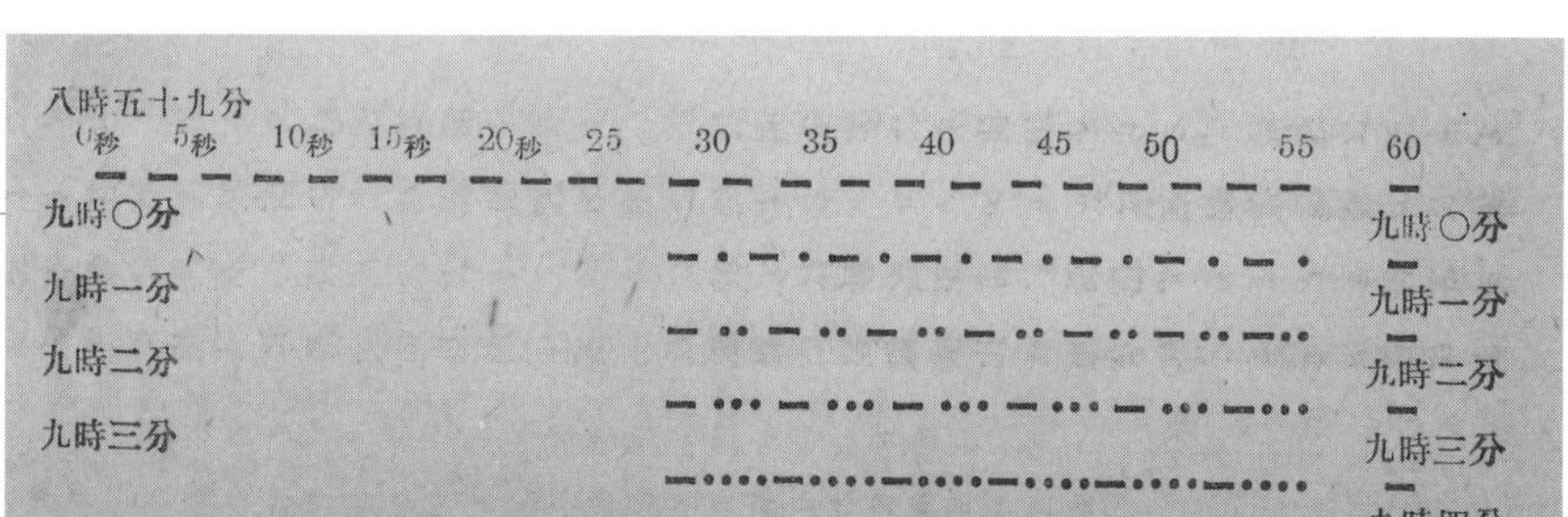

激しい揺れの記録も行っている。
市民に対する報時：明治初期に始まった正午号砲による時報は、大正時代まで一般市民が時を知るものとして重要な役割を果たした。大正時代の資料では、正午号砲の作業は次の手順で行われた。

①毎日午前11時27分に東京天文台から直通電線によって電流が送られ、各号砲所で電鈴が鳴り始める。
②11時30分0秒に電流が断たれると電鈴が止まる。
③この時、備え付けのクロノメーターを調整する。
④クロノメーターを確認し、30分後の正午に正確に発砲する。
⑤クロノメーターの時刻が疑わしいときは、東京天文台へ直通電話で問い合わせて追加で信号を受け取るか、電話による合図で時刻を確かめる（1920年4月1日より運用開始）。

午砲は約1秒の誤差で発砲されていた。年に十数回程度、火薬や信管の具合が悪く、発砲が遅れたり、砲手の誤りのために数分間も間違って発砲したりしたこともあったという。午砲は、音の伝達速度で遅れて聞こえるため、正確に時を知るには距離に応じた修正が必要だった。このような誤差はあったが、日常の実用としては問題なかったようである。

一般の人々が時計を正確に合わせる場合は、正午に電信局に行って、電鈴が止むタイミングで時計を合わせた。「私設電鈴建設願」を出せば、電信局から自宅に電線を引いて毎日正午報を通報してもらうこともできたが、1回12円と高価だったため、裕福で興味のある人に限られた。地方では、電灯の明滅によって時を知らせるところもあった。この方法は、電灯さえあればどこでも時を知らせることができた。

図20
無線信号

「時の記念日」の誕生

大正時代はわずか15年間であったが、その短い間に第1次世界大戦、大正デモクラシー、関東大震災などその後の日本に大きな影響を残す数々の出来事が起こった時代だった。そして、日本人の時間意識に大きな変化が起こる時代でもあった。

1920年（大正9年）6月10日。東京はかつてない雰囲気に包まれた。「時の記念日」が制定されて第1回を迎え、その記念行事が開催されたのだ。この日、正午の時報に合わせて汽笛や鐘が一斉に鳴らされ、東京は〝響きの都〟になった。「時の記念日」は、東京教育博物館（国立科学博物館の前身）で、この年に開催された「『時』展覧会」が大人気になったことがきっかけとなり誕生した。時の記念日は、日本の大衆が「秒」を意識した初めての大々的なイベントであった。

棚橋源太郎と、大人気となった「時」展覧会

「時の記念日」誕生の最大の功績者は棚橋源太郎である［図21］。棚橋は国立科学博物館の初代館長であり、我が国の博物館や理科教育の発展に多大な貢献をした、学芸員を目指す人は必ず学ぶ人物である。いわば「日本の博物館の黎明期の巨人」だ。棚橋は大正時代、東京教育博物館で館長を

図22
東京教育博物館の全景
明治4年に文部省博物局の観覧施設として
湯島聖堂内に展示場が設置されたのがその始まり。
大正3年に「東京教育博物館」へと改称された。
（画像提供：国立国会図書館デジタル）

務めていた［**図22**］。現在の国立科学博物館は東京・上野公園内にあるが、前身である東京教育博物館は東京・御茶ノ水の、湯島聖堂内にあった。実は、棚橋が同館に籍を置いた当初の来場者は少なく、寂れた状態にあった。しかし棚橋は、社会教育の重要性を信じ、陳列品を興味深く見せるための工夫を意欲満々に行っていった。

こんなエピソードがある。1916年7月、横浜に入港した汽船「はわい丸」において、船内でコレラ患者が発生した。これが日本全国に広まり、病人は1万人を超えた。60％と高い死亡率は人々に脅威を与えた。しかし、日本におけるコレラの流行はこのときが初めてではなく、予防のための知見はすでに得られていた。棚橋は一般大衆にコレラの科学的知識を教育する機会を用意する必要を感じ、前例のない展示会を企画した。迅速に形にするために資料を整える指示を出し、自ら借用の交渉にあたった。そして開催されたのが、「虎列拉《コレラ》病予防通俗展覧会」である。テーマを持った通俗展覧会（現在の言葉で企画展や特別展）を行ったことは、日本の博物館の歴史上初めてのことであり、5万を超える来場者が訪れる異例の大成功となった。手ごたえを得た棚橋は、通俗展覧会を立て続けに行った。1919年の「災害防止展覧会」では、現在にも引き継がれている「安全週間」と「緑十字のシンボルマーク」が設定されるなど、一連の展覧会の社会的反響はとても大きいものであった。

同年には「生活改善展覧会」も行い、日々の生活を科学的に改善することが人々の幸福につながることを展示した。この展覧会がきっかけとなり「生活改善同盟会」が発足した。会長に伊藤博邦、役員には渋沢栄一らが加わり、政界、財界、教育界の力が結集した団体となった。生活改善同盟会は、日常の生

図21
棚橋源太郎
（1869年6月8日－1961年4月3日）

活改善の10項目を挙げ、その第1項目に「時間を正確に守ること」を掲げた。
この項目を受けて、1920年に企画されたのが「『時』展覧会」である。棚橋がこれを企画すると、生活改善同盟会は大いに賛同し、出品の申し込みと援助を行うことになった。「時」展覧会は、大々的なものとなった。

「時」はすべての生活に関するものであり、なんでも展示の対象になった。科学技術資料だけでなく、生活上の時の話題を取り上げた展示、例えば「女性が一生で化粧に費やす時間を解説したパネル」や、時間に関する活動映画の上映など、一般の人々にとって興味を引きやすい展示が多く行われた。当時は展覧会へ足を運ぶことが少なかった女性も多く訪れ、展覧会を見た人からの評判は広まり、会場は連日大盛況となった。明治維新以降に推し進められた「時」の近代化を、理解したいという機運が人々の間に満ちていたのだろう。博物館のそばを走る路面電車には臨時の停車場が作られ、当初、5月16日から6月16日の予定だった会期は、7月3日まで延長されたほどだ（7月4日には関係者向け内覧会が行われた）。43日間にわたり開催された「時」展覧会の入場者数は、通俗展覧会としては過去最高となる約22万人を記録した。当時の東京府の人口およそ370万人の、約6％に相当する人々が見学したことになる。出品者は、国立機関（東京天文台、逓信博物館、海軍水路部、中央気象台など）、教育機関（東京帝国大学、岸和田中学校など）、その他団体個人など数十に及ぶ充実したものとなった。

出品資料は『『時』展覧会出品目録」［図23］をはじめ、「東京教育博物館一覧」（1921年発行の年間報告書）、「天文月報」（第13巻第6号、日本天文学会発行）、『最新

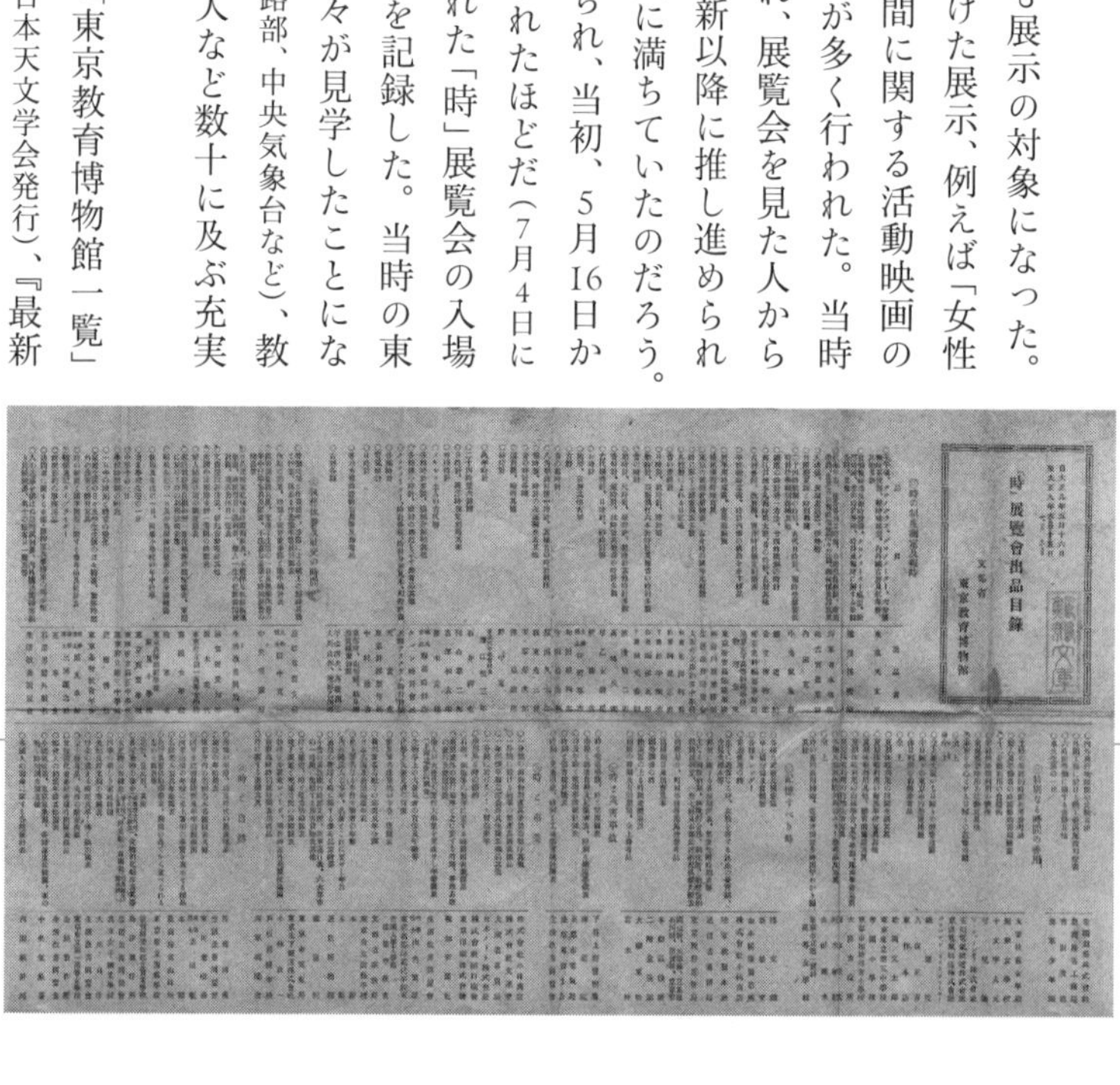
「時」展覽會出品目錄
文部省
東京教育博物館

図24
『誌上時展覧会』（南光社）の表紙
イラストは「時は金（千両）」より重い」という趣向のもの。

変動教材集録 第九巻第十号臨時号 誌上時展覧会』（以下『誌上時展覧会』、南光社発行）［図24］などから知ることができる。特に『誌上時展覧会』は、当時の「時」を取り巻く状況を詳細に知ることができる貴重なものである。同誌は展覧会終了後に制作され、大正9年8月に発行、全国で販売された。

「時」展覧会では、大阪府立岸和田中学校からの出品が多く見られる。興味深いことに、東京での開催の3年前である1917年、同じ名称の「時」展覧会が岸和田中学校で開催されていた。その様子は冊子で知ることができる。岸和田中学校史には、当時東京からの問い合わせがあったとの記載があり、後に東京で開催された「時」展覧会との接点を感じることができる。

「時の記念日」誕生

「時」展覧会の大盛況ぶりを受けて、生活改善同盟会の主催により時間尊重の宣伝を行うセレモニーが会期中に実施されることとなった。開催日は、天智天皇による日本で最初の報時が行われた故事にちなんで6月10日とされ、「時の記念日」として実施されることが決まった。

生活改善同盟会は一般市民に時間を守ることを呼びかけるビラを5万枚用意し、女学生などの協力を得て銀座、日本橋、日比谷、上野、浅草など、東京市内の主な場所10か所で配布した［図25、26］。

図23
「『時』展覧会出品目録」

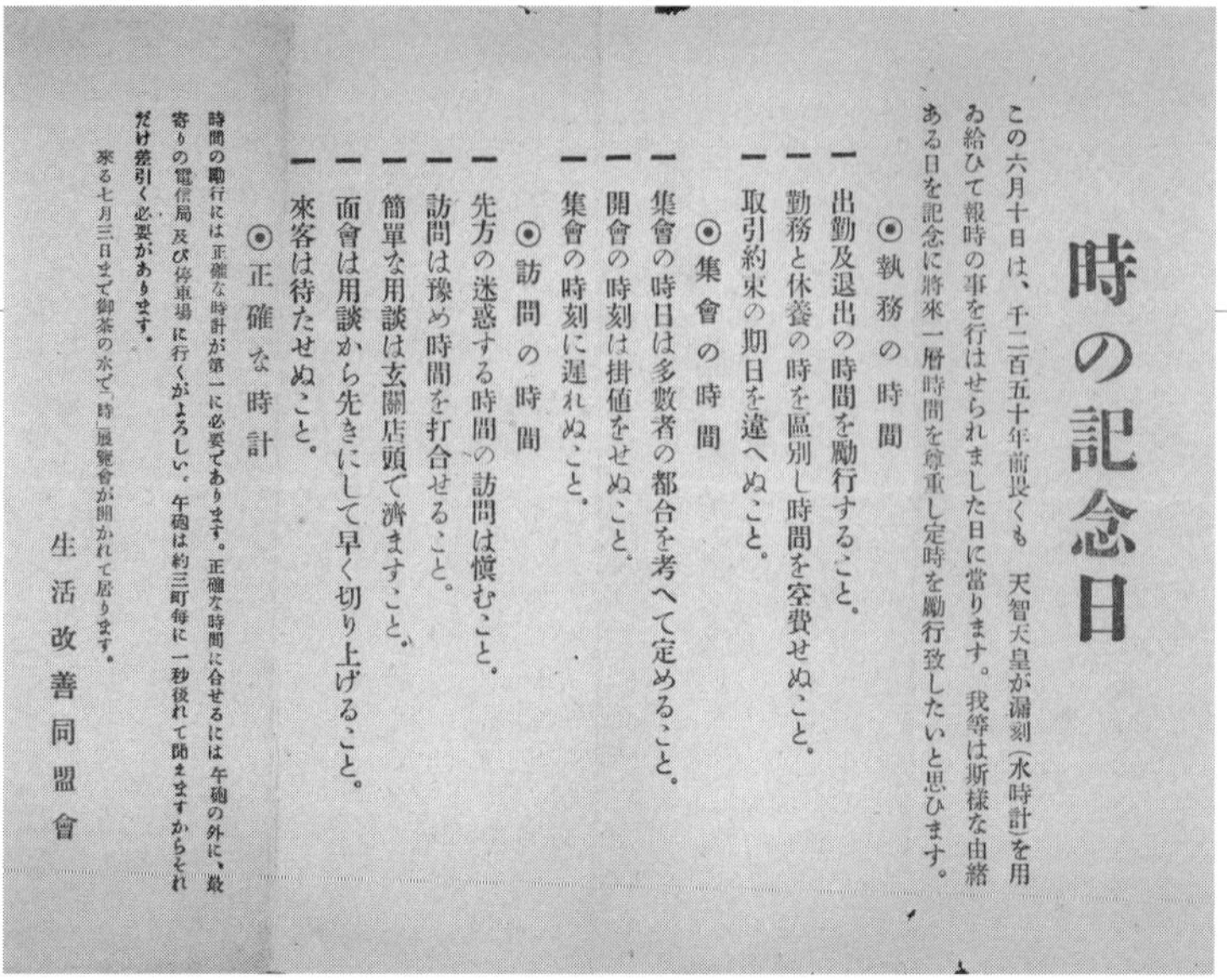
時の記念日

この六月十日は、千二百五十年前畏くも　天智天皇が漏刻（水時計）を用ゐ給ひて報時の事を行はせられました日に當ります。我等は斯様な由緒ある日を記念に將來一層時間を尊重し定時を勵行致したいと思ひます。

◉執務の時間

一　出勤及退出の時間を勵行すること。
一　勤務と休養の時を區別し時間を空費せぬこと。
一　取引約束の期日を違へぬこと。

◉集會の時間

一　集會の時日は多數者の都合を考へて定めること。
一　開會の時刻は掛値をせぬこと。
一　集會の時刻に遅れぬこと。

◉訪問の時間

一　先方の迷惑する時間の訪問は愼むこと。
一　訪問は豫め時間を打合せること。
一　簡單な用談は玄關店頭で濟ますこと。
一　面會は用談から先きにして早く切り上げること。
一　來客は待たせぬこと。

◉正確な時計

時間の勵行には正確な時計が第一に必要であります。正確な時計に合せるには午砲の外に、最寄りの電信局及び停車場に行くがよろしい。午砲は約三町毎に一秒後れて聞えますからそれだけ差引く必要があります。

來る七月三日まで御茶の水で「時」展覧會が開かれて居ります。

生活改善同盟會

また、浅草、上野、須田町、日本橋、銀座の5か所で東京天文台から持ち出した標準時計（クロノメーター）を用意し、通行人に「正しい時刻にお合わせください」とすすめて、各自所有の時計に正確な時刻合わせを促した。当日の報告には、「ビラを渡すのは面白いが『時計を直してください』というと怖い顔をする人がいる」「金鎖で時計はニッケルや銀だ」「標準時計とは何かと聞かれてちょっと困った」「メタルのついた鎖を下げて居る人に『時計を合わせてください』というと、そのまま行き過ぎた。向こうで夕刊を買うのを見たら、がま口（財布）だった」「どこかのおじいさんは、ひとりで三つの時計を合わせていった」「ビラを受け取ると読みもしないで丸めてしまう人がある。とくに立派な女の人に多い」など、観察の様子がユーモラスに記されている。東京教育博物館では、東京帝国大学の三上参次《さんじ》教授が講演を行うなど、東京市内の数十か所で「時」に関する講演会が行われた。

さらに東京教育博物館では館長の棚橋源太郎の号令とともに多数の風船が空に舞い上がった[図27]。東京全市に正午を告げる大砲が鳴り、工場や事務所の汽笛が鳴り、寺社・教会の鐘が打ち鳴らされ、しばらくの間東京は響きの都となった。時報に合わ

図26

ビラ配布の様子

日本女子商業学校、淑徳女学校、東洋高等女学院、千代田高等女学校、東京家政女学校、芝中学校の生徒と、深川小学校婦人同窓会および東京少年団団員が協力した。

図25
時の記念日に配布されたビラ
（画像提供:佐々木勝浩）

せて一斉に行われたこれらの行事は、日本で最初の大規模なカウントダウン・イベントであったといえるだろう。「時の記念日」は、大衆に「秒」を意識させた大イベントになったのである。

「時」展覧会や「時の記念日」には、東京天文台の際立った存在感があった。東京天文台の協力については、暦や観測機器など多くの出品物があったことが日本天文学会の天文月報に詳しく記載されている。1920年7月号には「時の記念日」の誕生のいきさつや当日の様子などが、東京天文台の技師・河合章二郎によって詳細に紹介されている。

河合の記述を一部引用すると、「展覧会会期中に時間励行の名目で時の宣伝をする話がでた。河合は、天智天皇の故事にちなんで、6月10日を中心に行うのがよいと意見した」「みな多忙だったために3日行うのはできなかったので、6月10日を漏刻祭として実施することになった」「5月29日に東京教育博物館にて会議を行い、漏刻祭を『時の記念日』と改め、毎年の恒例行事になることを希望した」「大成功となった時の記念日の夜、晩餐会には多くのお歴々が時間通りに参加するも、遅刻をする人もいて、ばつが悪そうだった」などとある。文体は大まじめであるが、ユーモアが散見され、生き生きとした当時の雰囲気がうかがえる。

「時の記念日」のエピソードを飾るユニークな人物をもうひとり紹介しよう。歌舞伎役者六代目、坂東彦三郎だ[図28]。坂東は、今で言う「時計マニア」だった。そうなったきっかけは、坂東の時計が不正確であったため、終電に乗り遅れ、興行に欠席することになってしまったことだったという。坂東は毎日、東京天文台を訪問し、自分の所有する時計を標準時に

図27
第1回「時の記念日」を祝う人々
棚橋源太郎の号令で正午に風船を一斉に飛ばしている。
東京教育博物館前。
（画像提供:セイコーミュージアム）

図28
六代目 坂東彦三郎
(1886年10月12日－1938年12月28日)
(画像提供:佐々木勝浩)

合わせていた。やがて天文台に設置されているものと同様の装置を買い込んで、自宅の座敷に据え付けるほどの熱中ぶりだった。台所から茶の間と電線が引き渡された部屋はどこも標準時通報が入りチンチンと音がした［図29］。坂東は、「時」展覧会の開催について援助を依頼されると、大賛成で所有品全部を出品し、機械の据え付けや電線の取り付けまで夢中になって協力した。展覧会の開始以降は、毎日必ず会場にやってきた。

「時の記念日」の実施が発表されると、坂東は東京天文台の河合章二郎と相談し、ひそかにある計画を実行した。自ら自動車を運転し、標準時計と望遠鏡とそれを用意した河合を乗せて、午前8時から10時半の間に、市内にある主な場所の大時計の時間を調査した。その結果を秒単位で発表したのだ。

発信時の記録であれば、「報時成績」が天文月報に時々掲載された。しかし坂東らの記録は受信者が受け取る時刻の誤差を見ることができるものであり、報時系統の精度を検証する貴重な調査となった。

東京驛	四秒進み	下関行特急発	二十八秒遅れ
中央郵便局	三十秒進み	東京府庁	〇秒
有樂町停水場	一分進み	新橋停車場	三〇秒進み
汐留駅	〇秒	天賞堂本店	一分進み
服部時計店	二秒進み	銀座郵便局	一分進み
天賞堂支店	〇秒	浅草橋郵便局	〇秒
白木屋	二分進み	上野駅	〇秒
浅草雷門郵便局	二分三〇秒遅れ	万世橋駅	一分三十秒遅れ

図29
坂東彦三郎の自宅報時室
(画像提供:佐々木勝浩)

室町高木時計店　　四分遅れ　　逓信省構内郵便局　　二分進み

時計調べは、翌日の新聞にも紹介され、不正確な時計は「『時の記念日』に醜態をさらした」と書かれて話題になった。時計を管理している人にとってはあまり面白くない調査だったと思うが、人々は時計に大いに関心を持つことになった。

「時の記念日」の関連記念行事は、生活改善同盟会からの働きかけもあり日本の全国各地で開催された。大阪では、大阪毎日新聞の記者が「時の記念日」に標準時計を携帯して各方面の時間を調査した。記事を引用すると、「寸秒の差も争いの種になる大阪地方裁判所に飛び込んで正面大玄関に悠々として大振子を動かして居る大時計を仰げばコレはしたり正刻よりみると後ること4分25秒」「梅田駅正面の大時計を見ればさすがにここのは正確」「阪神電鉄の梅田停留場は驚くべし4分の遅れ」「市役所は60秒進み」「大阪府庁の食堂の時計は3分遅れ」「市電四ツ橋停留場屋上の大時計を仰げば南側は7分遅れ、東側のは1分遅れという言語道断の不正確」などと紹介している。大阪の時間は東京よりも不正確であることには問題意識を持った人物もいた。大阪府立清水谷高等女学校の校長は「時」展覧会を見物すると、「大阪では特に時間励行の必要が多いからぜひこの展覧会を借り受けて大阪で開催したい」と希望し、実際に8月5日から1か月間、「時」展覧会を開催した。

福岡市では、「時の記念日」の正午に全市一斉で3分間電気を点灯し、正午号砲とともに時を報じた。富山県の高岡市と滑川町では当日以降、毎日午後8時に短い時間一斉消灯を行い、時を知らせた。滋賀県では「時の記念日」の奉告祭が、天智天皇を祀る滋賀郡膳所町の石坐神社と、野洲郡河西村の皇小津神社で開催された。新潟県糸魚川町、福島県郡山町では時の記念日をきっかけに「時間励行会」が作られ、時間厳守の気風を維持することとなった。岡山県では有史によって

「愛時同盟会」が結成され、「時の記念日」に合わせて県が議事堂にその発会式を行った。

　また大阪の清水谷高等女子学校が主催となり、8月1日より大阪でも「時」展覧会が開催された毎日新聞社は、時に関する歌詞の募集を行い、入選作に合わせて大阪音楽学校（現大阪音楽大学）設立者の永井幸次が作曲した。入選作のひとつ、田淵巌氏の作品「金より尊い」は、『尊い宝』という名称で時の記念日の唱歌として全国の学校で歌われるようになった［図30］。

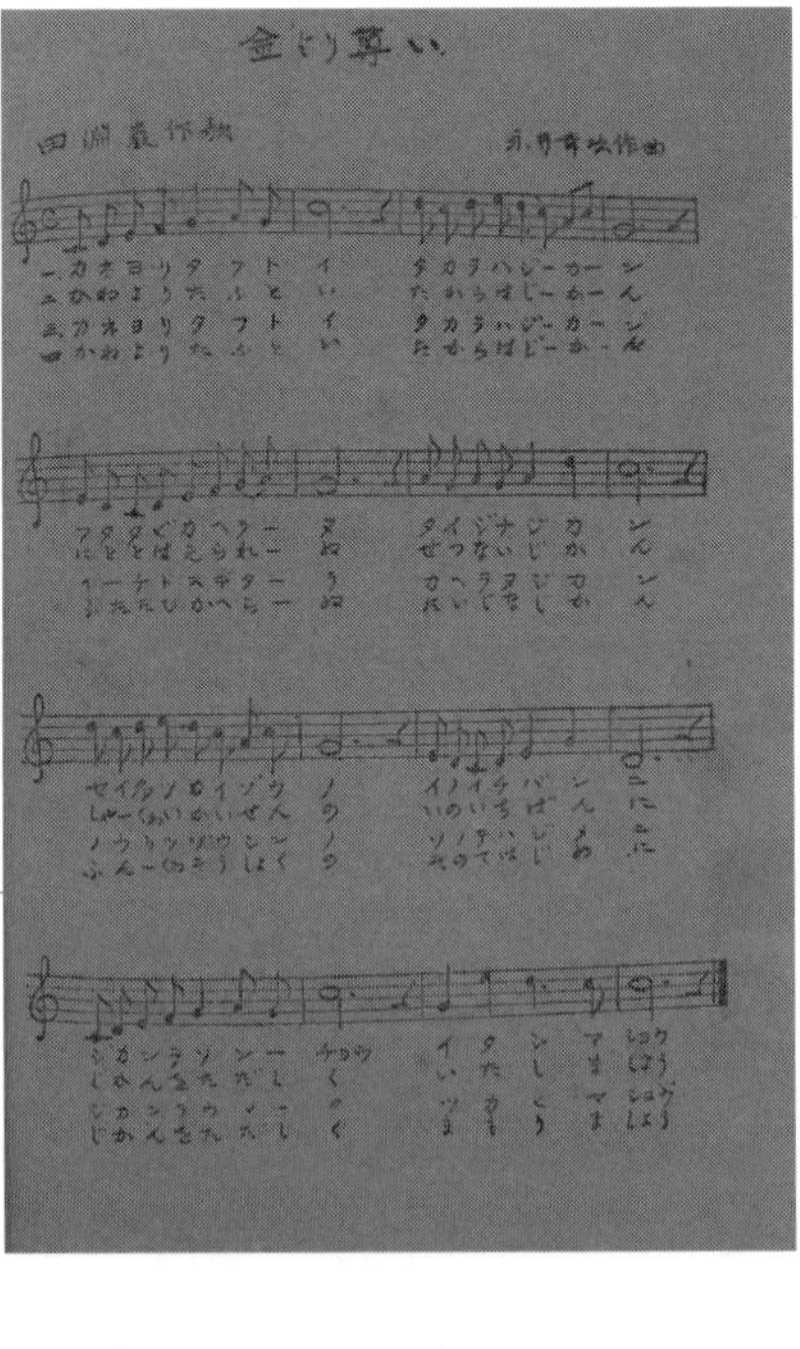

図30
『金より尊い（改題後：尊い宝）』の譜面
（画像提供：大阪音楽大学）

大正時代における「時」の急速な近代化

時の記念日は大成功となったが、その後、最悪の震災が発生した。1923年9月1日11時58分に発生した関東大震災だ。東京・横浜を中心とした関東一円に激震をもたらしたこの地震は大火災を引き起こし、10万4600人を超える人々が亡くなった。

　震災は、報時システムも容赦なく襲った。横浜港の船上にて正午の時報球を観測中に地震発生

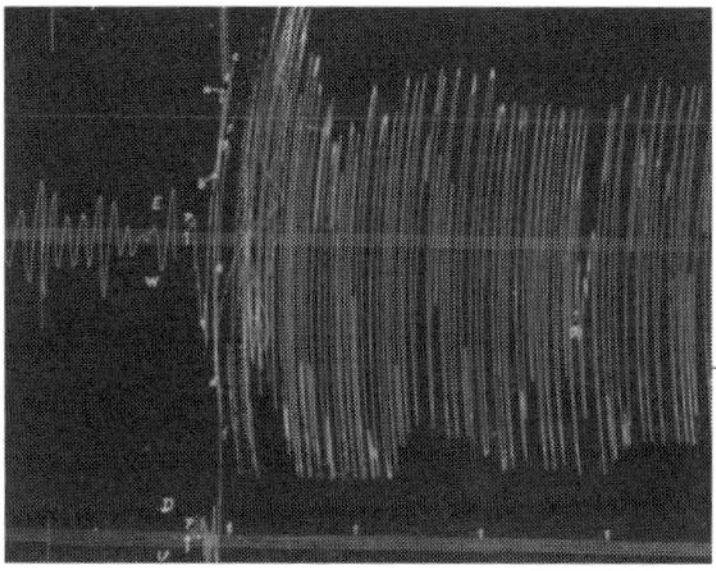

図32
東京帝国大学地震学教室の地震計が記録した
関東大震災発生時の波動
初期微動のあと本震が襲い、2分間ほど強烈な揺れが続いた。
下線の刻みは1分間隔を示すtの字のタイムスタンプ。
(「震災予防調査会報告 第100号甲」震災予防調査会、1925年より)

に遭った人もいた。丸の内の正午号砲の担当者は、揺れの続く中、這うようにして砲台にたどり着き、11時59分48秒に発砲した。「悲壮な思いで魂を込めてズドンと一発。さわぎの中で生死の境をさまよう東京の群衆の耳へひびかせました」と回想した記録が残っている。

千代田区麹町の中央気象台の時計は地震発生時刻で停止した[図31]、文京区本郷の東京帝国大学地震学教室に設置されていた地震計は、午前11時58分44秒に揺れ始めたことを正確に記録した[図32]。整備された報時ネットワークで結ばれた各地の測候所は、秒単位で地震の揺れ初めの時刻を記録した。関東大震災を引き起こした大地震は科学的に記録され、全国の観測をもとに震源と地震発生時刻が導き出された。

東京天文台の付近は火災を免れたものの、施設の被害は甚大だった。メルツ・レプソルド子午環は激しい揺れで大破し、報時のための回線は破損した。報時事業の回復には10日以上を要し、9月13日に正午通報回線と中央電信局回線が、9月19日に銚子・船橋の無線通報が回復した。

大災害は、ときに時代の流れを加速させることがある。東京天文台は、麻布の市街地化による観測環境の悪化という問題を解決するため、かねてより三鷹への移転を計画して1914年から新天文台の建設工事を始めていたが、震災によりその移転は急速に進められることになった。

関東大震災は、東京から江戸時代の面影を一掃し、明治と大正期の大変化を決定的なものにした。郊外に住居を構え、鉄道で都内に通勤する労働者が増えていった。この頃から駅に人が集中するラッシュアワーも出現した。集約型の労働の広がりとともに正確で便利な報時を必要とする場面が増えていった。労働問題が大きな関心事になると、川崎製鉄(現JFEスチール株式会社)が導入した8時間労働制など、正確な時間で約束事を決

図31
関東大震災当日午後11時頃の炎に包まれる中央気象台
建物の時計は地震発生の時刻を刻んだまま停止している。
(画像提供:防災システム研究所)

図33
伊藤喜商店（現イトーキ）による
タイムレコーダーの企業向け広告
同社は1908年より米国シンシナチタイムレコーダー社より
輸入販売を開始した。

カード式シンシナチ
タイム、レコーダー（出勤時計）
事業の運程は規律ある就業に依つて進展を期し得べし
タイム・レコーダーは就業時刻を最も公平に記録し新進操業法の第一歩として近來頻に採用されつゝあり
本器は又電鈴に依り各工場及分室等へ始終時を報知し得る特徴あり
（詳細説明書送呈）
大阪市東區平野町二丁目
伊藤喜商店
九州支店 博多上西町

める必要性が増していった。タイムカードも出現している［図33］。

庶民が時を知る方法も変化していった。1925年に開始したラジオ放送の影響は非常に大きかった。ラジオでは「○時○分をお知らせします。あと10秒、…あと1秒」といって秒を読み上げた。こうして、一般大衆の生活に「秒」が浸透した。

従来の報時サービスは徐々に姿を消していった。正午号砲は、すでに地方で廃止されつつあった。和歌山では1916年に正午号砲を廃止し、打ち上げ花火に置き換えられた。京都では正午号砲の振動が古い建物や古美術・工芸品に影響を与えるという理由で、1917年からサイレンに改められていた。東京では1929年（昭和4年）、正午の時報は、東京市中3か所でサイレン信号に改められた。報時球は、無線通信による時報の取得が一般的になっていったことから実用的役割は終え、1939年に正式に廃止された。

「時」展覧会で大成功を収めた東京教育博物館は、震災で全焼してしまった。棚橋源太郎は胆力を発揮し、上野公園に博物館を再建。これが現在の「国立科学博物館」となった。

「時の記念日」も、命をつないだ。地方では時の記念日の行事が定着していった。1927年には兵庫県明石市で時の観念を養うための映画会が開催されている。

「時」の価値は時代とともに増し、国内の時計産業の発展にも大きくつながった。時計メーカーは6月10日の「時の記念日」に合わせて商品アピールのイベントを行うよう

図34
天智天皇を祀る滋賀県大津市の近江神宮
1940年の創建以来、毎年6月10日に「漏刻祭」を斎行し、
時計メーカーの新製品の奉納などを行う。

図36
明石市立天文科学館
1960年6月10日、
東経135度の日本標準時子午線上に開館した
「時と宇宙」がテーマの、国指定登録有形文化財。

になった。同日は全国各地で「時」に関する行事が行われる［図34、35］。兵庫県の明石市立天文科学館は、１９６０年に日本標準時子午線の真上に建設された［図36］。

大衆が「１時間」を意識した「明治の改暦」。「１分」を意識した「標準時の制定」。「１秒」を意識した「時の記念日」。それぞれの象徴的な出来事を通じて、技術と社会状況がめぐり合いながら、日本人の時間意識は大きく変わっていった。明治・大正期の様々な出来事が、現在の日本人の時間感覚の礎となっているのだ。

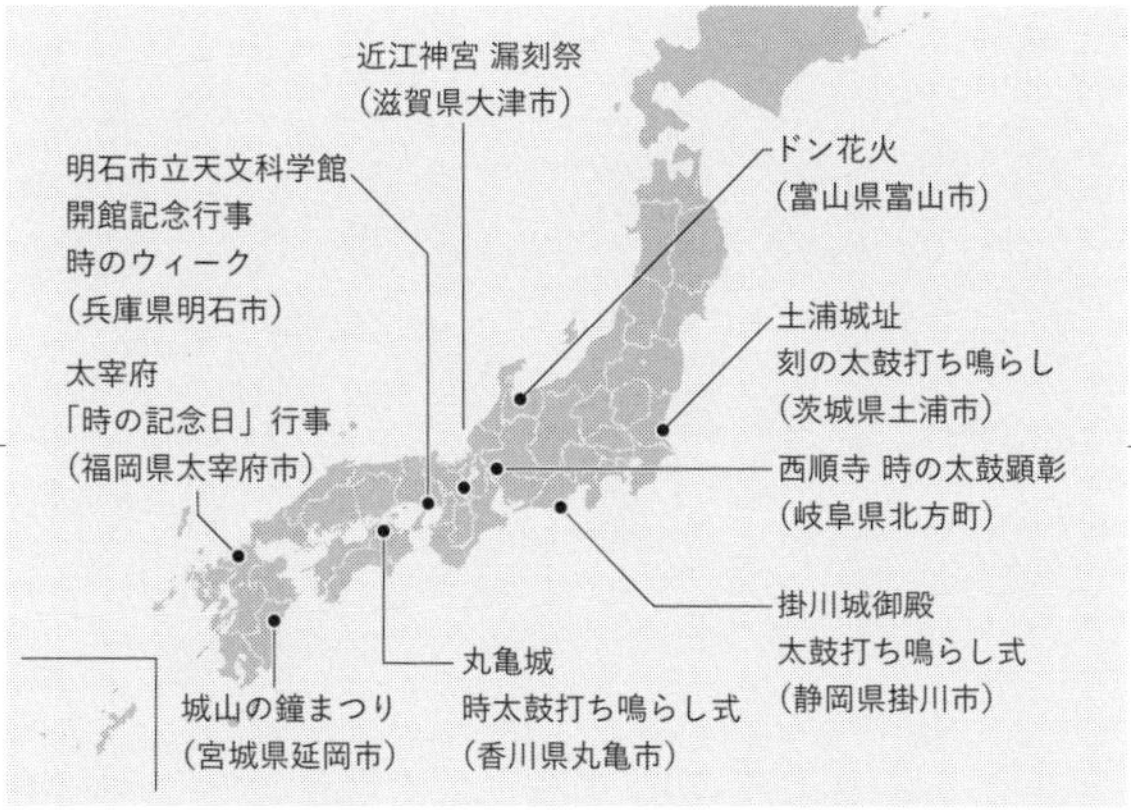

図35
「時の記念日」の記念行事
2021年現在、全国各地で行われている。

コラム ②

時の近代化にまつわる余話

時刻表

午前	零時 即午後十二字 子刻	一時 子半刻	二時 丑刻	三時 丑半刻
	四時 寅刻	五時 寅半刻	六時 卯刻	七時 卯半刻
	八時 辰刻	九時 辰半刻	十時 巳刻	十一時 巳半刻
	十二時 午刻			
午後	一時 午半刻	二時 未刻	三時 未半刻	四時 申刻
	五時 申半刻	六時 酉刻	七時 酉半刻	八時 戌刻
	九時 戌半刻	十時 亥刻	十一時 亥半刻	十二時 子刻

①

②

午後12時30分は昼か？ 夜か？

筆者の勤務する明石市立天文科学館には、しばしば「午後12時30分は昼か？ 夜か？」といった問い合わせがある。この疑問に回答するためには、西洋式の時刻制度が導入された明治の改暦に遡る必要がある。法的な根拠は、太政官布告第337号（改暦の布告）には次のように書かれている。

一　時刻ノ儀、是迄昼夜長短ニ随ヒ十二時ニ相分チ候処、今後改テ時辰儀時刻昼夜平分二十四時ニ定メ、子刻ヨリ午刻迄ヲ十二時ニ分チ午前幾時ト称シ、午刻ヨリ子刻迄ヲ十二時ニ分チ午後幾時ト称候事

これによると、午前は0時より12時（正午）まで、午後は1時から12時までとなる。正午は午前12時となるが、「正午過ぎから午後1時まで」が「午前」か「午後」なのかは記されていない。そのため「午後12時30分」と表記した場合、昼なのか、夜なのか決まらないという問題が発生する。問題を複雑にしているのは欧米の記載方法

である。米国では、正午は「12：00ＰＭ」であり、「12：30ＰＭ」は正午30分後、すなわち昼の時刻である。市販のデジタル時計の表示ではこの表記方法を採用している。その意味で、厳密には午前＝ＡＭ、午後＝ＰＭとはいえないことになる。日本の場合、出生や死亡の届けをする際には、民法で午前0時、午後0時を使用するように定められている。現実的な対応としては、24時間制を使用するか、民法にならって、お昼の12時30分を午後0時30分と書くことで受け取り手の解釈による混乱を回避することが望ましい。いささか歯切れが悪いが、現状はこのような状況である。

昭和30年代の報時事業

明治時代に郵便や鉄道が整備されて以降、正確な時の必要性が高まり、報時の技術が時代とともに進歩したことを伝えた。報時用の時刻を刻む時計についてリーフラー天文時計が導入されたことまでを記述したが、これ以降についても述べておこう。

世界の天文台の主流は、リーフラー天文時計から、やがて１９２０年代に開発された水晶時計に置き換えられていく。東京天文台では１９３４年に初めて水晶時計が導入され、１９５１年頃から水晶時計群の設置、時計比較、報時受信装置の精密化が進んだ。水晶時計は１９６６年設置のサルツァー製を最後として、１９６７年よりさらに高性能なセシウム発振器を搭載する原子時計へと代わっていった。東京天文台では、セシウム原子時計が１９７５年までに４号機まで増設された。

天文台では時刻の決定のために天体観測も同時に行われた。天体観測では１９５１年頃より時刻観測設備の近代化が計画された。この頃から活躍した観測機器が、写真天頂筒「ＰＺＴ」である。ＰＺＴは天頂付近のごく一部の星のみ観測するためのもので、天頂を向いて動かない鏡筒を備えるため非常に高い精度で観測ができた。東京天文台の虎尾正久が開発したＰＺＴは、１９５３年に本格設計による最終機が完成した。

① 太政官布告第337号

② 国立天文台に保管されている東京天文台のPZT

1956年から子午儀に代わって天体観測が行われ、1988年まで日本の時刻を決定していた。東京天文台で決定された時刻は、東京・小金井の郵政省電波研究所から全国に発信された。報時業務は、後身である現在の国立研究開発法人 情報通信研究機構（NICT）に引き継がれている。

「1秒」の変遷

かつて1秒の長さの定義は、地球の自転を基準としていた。1日は秒に換算すると、8万6400秒（24時間×60分×60秒）である。1日の長さが分かれば、1秒を決めることができるというわけだ。地球の自転は天体観測から知ることができる。初期の天文台の重要な業務のひとつは、星を観測して時刻と時間の決定を行うことだった。20世紀の前半まで、1秒は平均太陽時の1日から決定されていた。これによる時の基準は「世界時」と呼ばれている。

20世紀半ばには観測技術が進み、また時計が

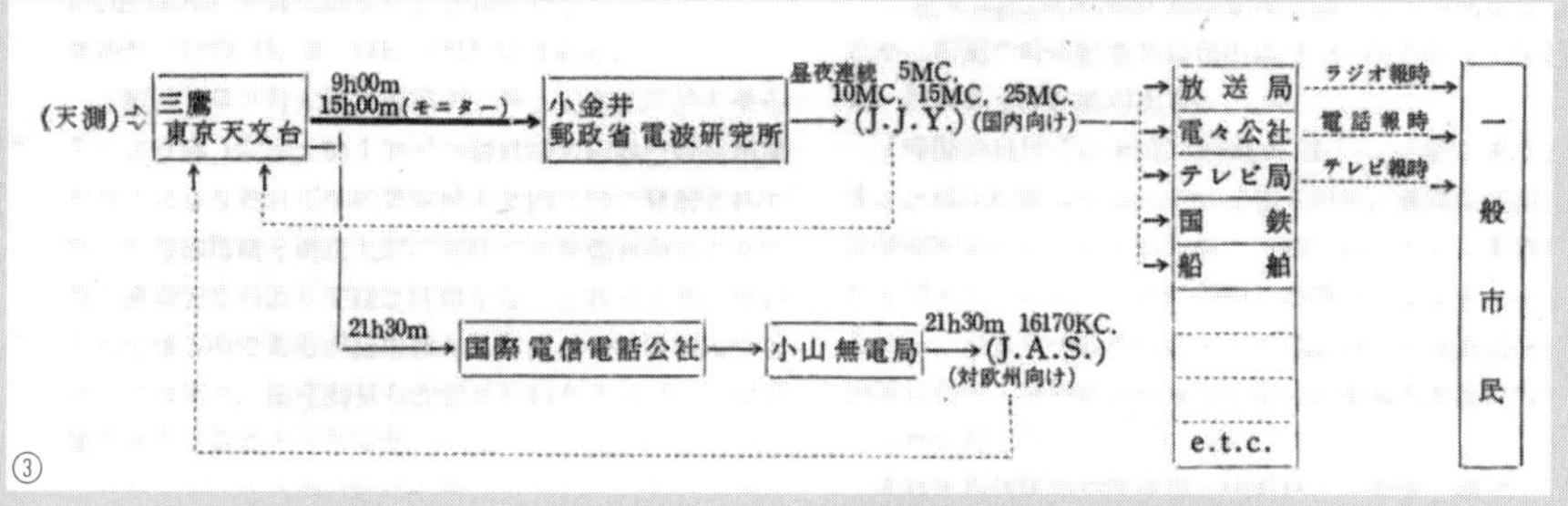

高精度化したため、地球の自転は絶対的に安定したものでないことが明らかになった。そこで時の基準は、地球の自転に基づく「世界時」から、地球の公転に基づく「暦表時」へと変更された。「1秒」は、暦表時1900年1月0日12時における回帰年（太陽年）の3155万6925.9747分の1と定義された。この定義は、1958年に国際天文学連合、1960年に国際度量衡総会が採用したものである。暦表時は、主に月の観測から決められた。月が恒星を掩蔽する時刻を調べる星食観測は、暦表時を決定する上で非常に重要な観測だったのだ。暦表時の導入により、「1秒」は地球の自転の不安定さから解放された。しかし天体観測を行ってから暦表時を求めるまで数か月を必要としたことや、観測による精度が不足していたことや、また暦表時は運用上の不便さがあったことなどから、1秒の定義はその後10年ほどでセシウム原子時計に基づく「原子時」に変更されることになった。セシウム133の放射する光が91億9263万1770回振動する時間を1秒とするものである。極め

て正確で安定した時間を得ることができるこの定義は、１９６７年から現在まで、世界の標準として用いられている。

③ 昭和30年代の報時システム
（関口直甫「時の記念日の起源と、大正時代の報時事業について」
科学史研究58の作図より引用）

コラム 3

古賀逸策——日本の水晶時計開発の黎明

セイコーが世界初の量産型クオーツ腕時計を発売し、時計業界に大きな衝撃を与える1969年（昭和44年）から遡ること30数年前、東京目黒区大岡山にある東京工業大学の研究室で古賀逸策は、水晶振動子の水晶のカットの角度を変えた水晶板の厚味振動（板片の厚み方向の固有振動）の周期を計算するために、一日中タイガー計算機を回し続けていた。

水晶振動子とは、天然の水晶片を電極で挟み、安定した振動で電流回路を発振させる素子である。これをアメリカのウォーレン・マリソンが1927年に初めて時計技術に応用した。最初の水晶時計は何百本もの真空管が並び、1部屋を占領するほどの大きさだったという。

当初の水晶振動子は、温度係数が10^{-5}/℃（1℃の温度変化で日差1〜2秒）と高く、精度の高い恒温槽が必要だった。逸策は、様々にカットした多

①

②

③

くの水晶片の中から従来のものより温度係数が2桁小さいカット法「R1」「R2」を1932年に発見した。

逸策は「R1」「R2」の水晶板を使って時計製作の研究を始めた。水晶振動子を時計に利用するためには高い振動数を整数分の1に減らす分周器が欠かせないが、逸策はすでにその時点で原理の発見と発明を終えていた。こうしてできあがった逸策の水晶時計第1号が、1メガヘルツの水晶振動子による「KQ1」だ。同型機は同年東京天文台にも設置され、7か月間テストされた。その後取り組んだ「KQ3」は、第2次世界大戦による中断を挟んで研究が継続され、1948年には東京工業大学と東京天文台を有線で結び、秒信号を送信して恒星時時計の役割を果たした。

現在、情報通信産業で使用されている水晶振

動子はすべて「R1」カットのものといわれ、また分周器はコンピュータ産業において欠かすことのできない技術として活かされている。古賀

① 古賀逸策(1899年12月5日－1982年9月2日)
(画像提供:東京工業大学博物館)
② 1973年のパリ万国博覧会に出品された水晶時計第1号「KQ1」表示部
(写真提供:東京工業大学博物館)
③「KQ6」の発信器部(写真提供:東京工業大学博物館)

逸策の開発した技術は、現代のクオーツ時計開発の原点とも言える業績なのだ。

——文：佐々木勝浩

第3章

時計生産大国への変遷

広田雅将

1868年の明治維新とともに、日本は近代国家としての歩みをスタートさせた。明治以降、そんな日本には様々な産業が興り、多くはやがて日本の基幹産業へと成長を遂げた。そういった新産業のひとつに時計がある。当初、ささやかだった日本の時計産業は、1960年代以降大きな成長を遂げ、1980年代には生産数で世界一を記録するに至った。本章は、その歩みを振り返る「私論」である。

国産化の始まり

改暦に伴う西洋時計の普及

一橋大学教授で、時計産業史の研究者であった山口隆二は、日本の時計産業史の時代区分を次のように規定した。

第1期　機械時計の日本への伝来（1549〜1578年）
第2期　機械時計の日本における製作（1579〜1638年）
第3期　和時計の時代、機械時計の日本化（1639〜1861年）
第4期　日本時計産業の黎明期（1862〜1891年）
第5期　日本時計産業の発展期（1892〜1945年）

図2
林時計が1885年に販売した通称「ボンボン時計」。
製作は中条勇次郎と言われている。

第6期　日本時計産業の世界への進出（1945年以降）

本章で取り上げるのは、山口が言う第4期、時計産業の黎明期以降となる。

機械式時計の伝来以降、日本の時計師たちは不定時の表示に適したいわゆる和時計を製作していた。しかし、江戸幕府が横浜を開港した1859年以降は、定時法に適した西洋時計が輸入されるようになり、1873年以降は西洋時計が主流となった。手作業で和時計を製造していた時計師たちは急激な西洋化に追いつけず、時計を輸入する商館や時計販売店がそれに取って代わった。

もっとも、いくつかの例外は存在する。1846年に石原萬助が設立した時計司は、後に石原時計店となり、1889年には懐中時計の製造を行う大阪時計の共同創業社のひとつとなった［図1］。また、1717年創業の時計鍛冶屋・小林傳次郎は、明治初期に数多くの尺時計を発売し、名声を博した。同社は小林時計店に発展し、明治中期には東京を代表する時計商となった。

西洋時計の普及を決定づけたのが、1873年1月1日（旧暦明治5年12月3日）のいわゆる「明治の改暦」だった。翌年、逓信局は郵便局に西洋時計（クロック）の交付を開始し、取り扱いを記した用法書を通達した。主に、官を中心とした西洋時計への需要は、時計商のビジネスを拡大させただけでなく、野心的な起業家たちを時計作りに参入させることとなった。

1875年には、金子元助が西洋風の掛け時計を製造する金元社を設立。この試みは第2回内国勧業博覧会をピークに失敗したが、西洋時計の販売で成功した時計商たちが、国産時計の製造を試みるようになった。

その先駆けが、1887年に名古屋で創業された時勢社（後の林時計）である。櫓時計の

図1
大阪に創業した石原時計店、
江戸時代の創業期（右）と明治時代（左）。

販売を行っていた林 一老の息子である林 市兵衛は、1871年にアメリカ製掛け時計（クロック）の販売を開始。後に掛け時計の国産化に取り組み、1886年ごろに内製化に成功したとされる［図2］。

尾張藩の時代から木材の集積地だった中京圏には、木製品を製造するノウハウがあった。そのため、この地域には時勢社以外にも、多くのメーカーが設立された。主なメーカーには、加藤時計（1894年）、明治時計製造（1895年）、尾張時計（1896年）、愛知時計（1893／98年）、高野時計（1899年）、金城時計（1899年）などがある。

携帯できるウォッチを製造する試みも、明治20年代に始まった。先述した石原時計店を中心として、1889年に設立されたのが大阪時計である［図3］。そもそもは時計商たちの合弁事業だったが、1894年には関西財界の支援を受けて、アメリカから懐中時計製造に関する工作機械を一式輸入し、純国産ウォッチの製造に乗り出した。また、東京の時計商である田中仁吉や山内住智なども、懐中時計を製造したと言われている。

野心的な起業家たちがクロックやウォッチの製造に乗り出すなか、最も成功を収めたのは精工舎（現セイコーウオッチ）だった。1877年に自らの時計修理工房を始めた服部金太郎は、1881年に販売部門である服部時計店を創業。1892年には時計製造工場である精工舎を設立した。なお先述した山口は、精工舎の設立をもって日本時計産業発展期の始まりと定義している。

1897年の時点で、日本には40近い時計工場があった。そのうち主なクロック・ウォッチ工場は11社、懐中時計（ウォッチ）を製造するのは2社だった。ひとつは大阪時計、そしてもうひとつは精工舎である。また、11社のうち6社が愛知県名古屋市に本社を持ち、そのなかで最も規模の大きなものは林時計だった。

図3
大阪時計が初期に製作した懐中時計。

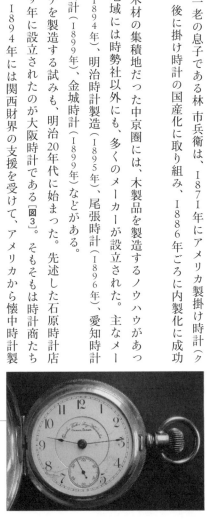

中産階級が発展させた、日本の時計産業

もっとも、日本の時計産業が成長を遂げるためのハードルは高かった。ひとつは乏しい資本力である。東京や京都、そして大阪の時計メーカーは株式会社の形態を取り始めていたが、名古屋地域のクロックメーカーはその多くが個人企業や合資企業であり、設備の刷新に必要な増資を得にくかった。これはより精密なウォッチの製造を困難にさせる一因となった。

より大きな理由が、国内需要の少なさである。日本のクロックメーカーとしては最大手のひとつだった林時計を例に挙げると、1897年の1か月生産高は約5400個(年6万4306個)で、国内で売れた個数はその約4割に過ぎなかった。1890年代後半、名古屋のクロックメーカーは「時計輸出連盟」を設立。青木鎌太郎の努力により、日清戦争後という時期にもかかわらず中国を主とした海外市場を開いた。一方で国内のクロック需要は低迷を続け、また景気に大きく左右された。高額なウォッチの需要はさらに少なく、最大手の精工舎でさえも、懐中時計部門は15年間赤字が続いたのである。

国内の時計需要が小さかった理由は、当時の日本人が時計を必要としなかったためだった。1873年の時点で、全人口の77%を占めていた農業就業者は、1900年の時点でも55.2%を占めていた。こういった状況にあって、正確な時間や、それを知るための時計は必ずしも必要なかった。1897年になると西洋時計は徐々に普及したが、それでも柱時計は3世帯にひとつ、懐中時計は成年男子10人に1個の割合に留まった、と言われている(山口隆二による)。

結果として、日本の時計産業は、興ってから四半世紀も経たないうちに、過当競争と、それに伴う粗製濫造という流れに巻き込まれるようになった。1902年の「上海領事商況報告」は、中国

に輸出された名古屋製のクロックを次のように評した。「その製作粗造にして、而もその荷造りに至るまで不完全なるがため、途中動《やや》もすれば破損の恐ある等益々顧客の嗜好を害せし感なきにあたわず」。1907年に起こった不景気により、粗製濫造はいっそう加速した。こういった時代を象徴するのが、薄くて耐久性に乏しい肉薄の懐中時計ケースである。

しかし、ヨーロッパで起こった第1次世界大戦と、関東大震災（1923年）からの復興は社会の構造と時計産業を大きく変えた。具体的には商工業の進展と、それに伴う新しい中産階級の成立である。1920年（大正9年）の時点で、全人口に占める農業従事者の割合は51.6%に下がり、代わりに工業従事者が19.4%、商業従事者が11.6%に増加した。

大正時代に起こった社会構造の変化を、経営学者の上田貞次郎はこう記す。「毎朝幾十万の洋服着た人が東京駅有楽町駅から吐き出され、また毎夕その人たちがそこへ吸い込まれていくのも、この新東京の光景である（中略）。そこでこの大変化の由って来たるところ如何といえば、サラリーマン階級の発達にありといわねばならぬ（中略）。而してその膨脹が大正以後において特に著しかった」（『経済往来』収録「サラリーマンと資本主義」、1933年）。

上田が言うサラリーマン階級を含む中産階級の成立は、時間遵守という概念と、必然的に時計産業の発展を促した。1900年に日本が輸入した掛け・置き時計（クロック）は13万9920個で、生産数は14万2000個だった。一方懐中時計（ウォッチ）の輸入は14万4891個で、対して生産量は6500個に留まった。しかし1920年になると、クロックの輸入数は1万7260個に減少した反面、生産個数は98万963個に増加したのである。それ以上に注目すべきは、懐中・腕時計（ウォッチ）の伸びである。この年、日本は42万9531個のウォッチを輸入する一方で、33万527個を生産したのである。1900年から1920年のわずか20年で、ウォッチの輸入・製造個数が約5倍に伸びた最大の理由は、社会構造の変化だった。

その象徴が、1920年6月10日に制定された「時の記念日」である。生活改善同盟会の「時間をきちんと守り、欧米並みに生活の改善・合理化を図ろう」という提唱は、新しい中産階級の成立と無縁ではない。1931年（昭和6年）には天野修一が電気式のタイムレコーダーを開発。1920年代から1930年代にかけて、時間の遵守という考えはようやく日本に根付こうとしていた。

大正時代に見る興隆の起点

時計メーカーを自立させた輸入関税の引き上げ

大正期に大きく発展した日本の時計産業。その恩恵を最も受けたのは業界最大手の精工舎だった。1920年の時点で、同社はクロックの64.2%、ウォッチでは88.1%ものシェアを占めていた。独占的な立場にある精工舎を見た起業家たちが、時計産業、とりわけウォッチの製造に参入しようと考えたのは当然だろう。そのひとつにシチズン時計がある。前身は、貴金属商で貴族院議員の山崎亀吉が1918年に豊多摩郡戸塚町（現在の高田馬場）に設立した尚工舎時計研究所。同社は1924年に懐中時計の「CITIZEN」を発売し、これがシチズンブランドの発端となった［図4］。

図4
尚工舎が独自設計で完成させた初の懐中時計「CITIZEN」（1924年）。

その後の不景気により、尚工舎時計研究所は休止したが、工場はスイスの時計商であるロドルフ・シュミッドのエル・シュミッド時計工場及びナポルツ時計工場として存続した。この、スイスから輸入された部品を組み立てる工場で責任者を務めたのが中島與三郎だった。彼と同僚の鈴木良一は、事実上、安田銀行の債権だった尚工舎時計研究所を引き取り、1930年にシチズン時計を創業した。

明治以降、海外メーカーと関係を持って発展した日本の時計産業。その最たる例が、アメリカの機械とノウハウを採用した大阪時計と、前身のひとつにスイスの時計工場を持つ新生シチズン時計だった。シュミットはムーブメント（＝時計内部の機械）を製造する工作機械を導入させただけでなく、その設計もスイスに依頼し、シチズン時計の発展に協力した。

シチズンの復活を促した一因は、1913年に発表された精工舎の腕時計「ローレル」と、その後継機である「モリス型」が成功を収めたため、と言われる［図5］。多くの時計関係者は、女性用の懐中時計用ムーブメントを載せた腕時計に懐疑的だったが、その売れ行きは、一部時計関係者の目をウォッチに向けさせるには十分だった。

大正期に精工舎がウォッチとクロックの製造・販売で寡占的な立場となった理由は、服部時計店という強力な販売会社に加えて、販売店の組織化に成功したこと、工場への設備投資を続けたためだった。創業者の服部金太郎は、他社との違いをこう説明した。「名古屋の時計産業は手作業が8割、機械が2割、対して東京（精工舎）は機械が8割、手作業が2割」。手作業に依存する多くのメーカーが質を安定できなかったのに対して、1908年以降、急速に機械化を進めた精工舎は、相対的に均一な品質を実現しただけでなく、クラブツースレバー脱進機を持つ高精度な懐中時計「エンパイヤ」を製造できるようになった。とりわけ歯車のカナを製造する自動旋盤は、ウォッチの生産性を高める鍵となったのである。

図5
シルバーケースにエナメル文字盤を備えた
国産初の腕時計、精工舎「ローレル」（1913年）。

図6
精工舎の19型懐中時計「セイコーシャ」(1929年)。
スイス機の時計に並ぶ正確さを誇った。

なお、機械化を進めた先駆者には、1889年創業の大阪時計がある。同社はアメリカから輸入した最新の工作機械でウォッチを製作したが、招聘した外国人への給料が支出の約7割に達したこと、小型化のトレンドに乗り遅れたこと、販売力の不足といった要因が重なり、1902年に解散となった。

明治維新以降、政府は日本の時計産業に対して、ほぼ支援をしなかった。日露戦争の際に輸入関税は引き上げられたものの、あくまで歳入の不足を補うものでしかなかった。しかし1911年以降、政府は国内産業を育成するため、輸入関税の引き上げを行うようになる。1924年の奢侈品に対する100%関税は高価な金時計の輸入を、続く1926年の恒久的な輸入関税引き上げ（実質税率は平均して13%から28%に増加）は、時計の輸入を激減させた。とりわけ「歳入増加を本来の目的とせず、もっぱら内地産業の生産条件を有利ならしむる」1927年の強力な関税政策は、後に物品税に形を変えて、時計産業の保護に寄与することになる。事実、1924年から1926年の不景気と、1929年に始まる世界恐慌の影響があったとはいえ、ウォッチ（完成品）の輸入量は、1920年の42万9531個から、1930年には4万3401個に減少したのである。その結果、輸入販売店は大きな打撃を受けた。海外メーカーの大口輸入元であった東京・銀座の天賞堂は1929年に破産し、在庫していたムーブメントは服部時計店に引き取られた。

関税の引き上げで完成品の輸入が難しくなった結果、日本の時計産業はふたつの方向性を模索するようになった。ひとつは輸入したムーブメントに日本製のケースを組み込んで製品にすること。これは商館時計時代からの伝統だったが、規模が拡大したのは関税の引き上げ以降である。精工舎は、自社製の時計に加えて、輸入したムーブメントを自社製のＳＫＳケースに収めて輸出することで、昭和10年代初頭まで成功を収めた。

もうひとつが、輸入品を置き換える高性能なウォッチの製造である。1930年のシチ

図7
17型高級懐中時計「セイコーシャ」のムーブメント。
（画像提供：細田雄人）

ズン時計設立は明らかにこの流れを受けたものであり、独占的なシェアを持つ精工舎はなおそうだった。精工舎は1929年に「19型懐中時計『セイコーシャ』」を発売［図6］。この国産初の鉄道省指定時計は、ゼニスやオメガといったスイスブランドの鉄道時計に取って代わるほどの正確さと堅牢さを持ち、以降40年以上にわたって製造された。同社は1931年に最新の設備を備えた新工場を落成。その際配布された写真帖には、次のような一文がある。「弊社は更に進んで欧米最高級品に匹敵すべき十七形懐中時計の製作を試み是亦幸いに成功したるを以って目下少数ながらも市場に提供しつつあり」。

同年に発売された「ナルダン形」こと「17型高級懐中時計『セイコーシャ』」は、薄型のユリス・ナルダン製懐中時計を範に取りつつも、ロンジンなどの設計も盛り込んだ超高級品だった［図7］。ムーブメントの軸受けにルビーを16個使った16石モデルの日差15秒以内、18個使った18石モデルの日差10秒以内という精度は、スイスの高級時計に肩を並べるものだった。

1925年以前、精工舎の製造部門に正確な設計図は存在せず、外国製のムーブメントをリバースエンジニアリングで仕立て直していた。しかし、以降は外国製のムーブメントを範とするものの、設計図に基づいて時計を設計するようになった。戦前期におけるその集大成が「19型懐中時計『セイコーシャ』」と「17型高級懐中時計『セイコーシャ』」のふたつと言える。しかし、高品質化と大量生産に取り組んだシチズン時計や精工舎でさえも、その生産性はスイスやアメリカには遥かに及ばなかった。

第2次世界大戦中の1942年頃に、精工舎は約500個の経線儀（マリンクロノメーター）を製作し、日本海軍に納入した［図8］。対してアメリカのハミルトンは、同時期に1万900個もの経線儀を製造したのである。スイスやアメリカのメーカーでは当たり前だった部品の互換性と、それがもたらす高い生産性。日本のメーカーがそれらを実現す

図8
1942年頃の精工舎の経線儀（マリンクロノメーター）。
日差は0.1秒以内の精度だった。

るのは、1950年代半ばのことだった。

政府による時計産業発展の取り組み

中産階級の成立や保護主義的な関税政策により、1930年代半ばに最盛期を迎えた日本の時計産業。しかし、1945年に終わった第2次世界大戦は、離陸直前にあった時計産業を壊滅させた。大都市圏にある時計工場は焼尽し、残ったものはGHQにより営業停止命令を受けた。

だが、敗戦は日本の時計産業にプラスとなった。重工業メーカーと軍が解体された結果、優秀な設計者たちが、就職先に時計メーカーを選ぶようになったほか、商工省とその後を継いだ通商産業省は、戦前と変わって時計産業の保護と育成に取り組むようになったのである。1949年、商工省は『経済安定計画実施後の主要業種の実態』という報告書を作成。20に及ぶ主要産業のひとつに選ばれたのが時計だった。

昭和20年代の復興期、時計メーカーは作れば売れるという状況にあった。そのため多くのメーカーが時計産業に参入したが、製品の質は戦前よりも低かった。

輸出で外貨を獲得したい政府にとって、小さくて単価の高い時計(ウォッチ・クロック)はうってつけだった。そこで商工省は、品質を向上させるべく、1948年に日本製のウォッチ・クロックを対象とした「国際時計品質比較審査会」を開催した。しかし、スイスの天文台コンクールを参考にしたこの精度試験は日本製時計の低い品質を露呈させた。出展されたウォッチの34%、クロックの28.7%が止まりで不合格となったのである。翌1949年の第2回審査会で、その割合はそれぞれ21.6%、14.9%に改善されたものの、日本製の時計が輸出に堪えないことは明らかだった。

他の産業に同じく、工作機械の刷新が急務と考えた通商産業省は、１９５０年に手動機２００台、半自動機３００台の導入を含む「時計工業合理化目標及び進捗状況」を発表。しかし、スイス製のハウザーやトルノスの工作機械を導入した諏訪精工舎のような例外はあったものの、中小企業の多い時計産業において、以後も機械化は進まなかった。

工作機械の刷新に弾みをつけたのは、１９５６年に制定された「機械工業振興臨時措置法」である。これは中小の機械基礎工業、部品工業、機械輸出工業を援助するための法案だったが、例外として、輸出機械部品である自動車部品、ミシン部品、時計部品、鉄道車両部品の４つも対象に指定された。この低利の融資制度により、多くの時計メーカーは工作機械の刷新に成功。戦前からの課題だった部品の互換性をクリアするようになった。

この時期に、いくつかの時計メーカーが新しく参入した。その中で成功を収めたのは、リズム時計とオリエント時計である。１９４６年、社会改良家の賀川豊彦らは、全国農業会の援助を受けて、農村時計製作所を創業した。埼玉県にあった精工舎南桜井工場の施設を受け継いだ同社は、高品質な掛け時計を製作したが、ＧＨＱの全国農業会に対する解散要求に加えて、赤字が過大だったこともあり、事業を清算せざるを得なかった。その農村時計製作所を母体としたのが、１９５０年創業のリズム時計（現リズム）である。同社は１９５２年にシチズンと提携を結び、後の１９７５年には、クロックの生産数で世界一となった［図9］。

オリエント時計の母体にあたるのが、１９２０年に東京・巣鴨で創業した東洋時計製作所である。同社は時計のほか、軍向けの計器製造も手掛けていたが、戦後民需に転換。しかし、１９４６年の労働争議で休止状態に陥った。同社は解散となり、計器部門は日本自動車計器（現矢崎計器）の母体

図9
農村時計製作所による「リズム」ブランドの目覚まし時計の広告。

に、クロック工場だった埼玉の上尾工場は新東洋時計製作所に、そして休止中の東京・日野市の日野工場は多摩計器株式会社（現オリエント時計）となった。1950年代後半になると、同社はいち早く輸出を開始。海外のトレンドを意識した時計を作るようになった。

この時代の時計メーカーに共通するのは、高精度化への取り組みである。東京帝国大学教授だった青木保らにより、戦前の日本は、時計理論の研究に関して世界的な水準にあった。昭和20年代までの時計産業はそれを反映させる水準になかったが、精密な部品製作が可能になった1950年代半ば以降、状況は一変した。重工業メーカーと軍の解体で時計メーカー以外の就職先を見つけられなかった優秀な技術者たちは、最新の時計理論を導入することでムーブメントの設計を進化させせたのである。

時計メーカーを飛躍させせた、高い生産性

この時期に発売された新しい時計の先駆けが、1956年のセイコー「マーベル」である［図10］。1957年に開催された国産時計品質比較審査で、マーベルは10位以内に7個が入賞し、1位から5位を独占。その優れた基本設計は、後継機である「クラウン」と、その上級版である1960年の初代「グランドセイコー」に引き継がれた。

1958年に発売されたシチズンの「スーパーデラックス」も、従来以上に精度を高めたムーブメントに特徴があった。心臓にあたるテンプは可能な限り大きくされ、薄くするため歯車もオフセットされた本作は、英国時計学会誌でも称賛された［図11］。これらのモデルが示すとおり、昭和

図11
シチズン初の本格的な薄型中三針腕時計である
「スーパーデラックス」（1958年）。

30年代後期の日本メーカーは、スイスに比肩する高精度で高品質な時計を、しかも大量生産するようになったのである。諏訪精工舎は1959年6月までに約166万本のマーベルを、シチズン時計も2年間で約100万本のスーパーデラックスを製造した。

日本のメーカーがスイスやアメリカと大きく異なっていたのは、設計の時点で生産性も考慮していたことだった。セイコーの製造会社である長野の諏訪精工舎（現セイコーエプソン）や東京・亀戸の第二精工舎（現セイコーウオッチ）だけでなく、シチズン時計やオリエント時計も、例外なく、時計を駆動する2番車と4番車を重ねるセンターセコンドこと「本中三針」のレイアウトを採用していた。それまでのムーブメント設計は、分針の付く2番車と、秒針の付く4番車を重ねず、6時位置にスモールセコンドを置くのが定石だった。歯車を重ね、時分針と秒針を中心に揃えるこのレイアウトは、時計の厚みが増す反面、歯車を固定する穴数を減らせた。当時、穴を開けるには、ピアノ線にダイヤモンド粉を付けた工具を高回転させていた。ひとつ開けるのに必要な時間は20分。工程を減らすために、日本のメーカーはあえて穴の少ない設計を好むようになったのである。

プレスへの注力も同様である。好例が諏訪精工舎の開発した自動巻き機構「マジックレバー」だ。これは自動巻きの回転錘が左右どちらに回転しても、その回転運動を、ゼンマイを巻く動きに効率的に変換できるはさみのような形をした小さな部品である。複雑な歯車を使わないマジックレバーはそもそも安価に製造できる。同社はプレスの技術を工夫し、部品に十分な焼き入れを施すことで、自動巻き機構に高い生産性と信頼性を盛り込んだ。その集大成が、1960年代後半に諏訪精工舎が完成させた自動巻き、キャリバー61系である。生産性の高い輪列と、マジックレバーを持つこの自動巻きは、自動ラインで組み立てられることを前提としたムーブメントだった［図12］。

図10
セイコー「マーベル」（1956年）。
ムーブメントサイズを直径26mmと大きく取ることで、
高性能、生産性、整備性を追求した。

1960年代の進化を影で支えたのは、部品の加工精度の大幅な向上である。1950年代以降、日本の時計メーカーは、スイスの工作機械を導入することで質を高めた。さらに1960年代以降は、工作機械の内製化に着手。合わせて部品の工作精度を100分の1ミリ単位からミクロン単位に向上させることで、手作業による部品の選別をほぼ不要にした。

工作精度の向上を促した一因は、ベルトコンベアの採用である。昭和30年代半ばになると、各メーカーは時計の製造ラインに流れ作業を導入し、生産性を大きく改善した。また、1961年に千葉県市川市に設立された第二精工舎の大野工場は、生産性を高めるために、工場に2交代制を導入した。

続いて日本の時計メーカーは、工作精度のさらなる向上で流れ作業の効率を高め、生産ラインの自動化に取り組んだ。1969年にシチズンは生産ラインの60%を自動化。また1968年には、主に第二精工舎が主体となって、サブ組み立てから外装組み立て、製品検査までの一貫自動組み立てラインである「システムA」を完成させた。

諏訪精工舎でグランドセイコーやクオーツ時計の開発に携わった中村恒也は、スイスやアメリカとの違いとして、日本のメーカーがピンレバー脱進機を採用しなかった点も挙げた。ピンレバー脱進機は製造コストが安い反面、精度と耐久性に劣っていた。対して日本の時計メーカーは、1970年代まで、高価だが高精度で耐久性に優れたクラブツースレバー脱進機を採用し続けた。コストの上昇は生産性の向上で補えばよい、と中村は説明する。

日本のメーカーが精度を追求せざるを得なかった一因に、社会構造の変化がある。日本では昭和10年代でさえ、時間の遵守が問題とされた。しかし、中産階級が急増した戦後になると、時間の厳守は当然のルールになった。また、明治時代は遅れが当たり前だった日本の鉄道は、大正13～

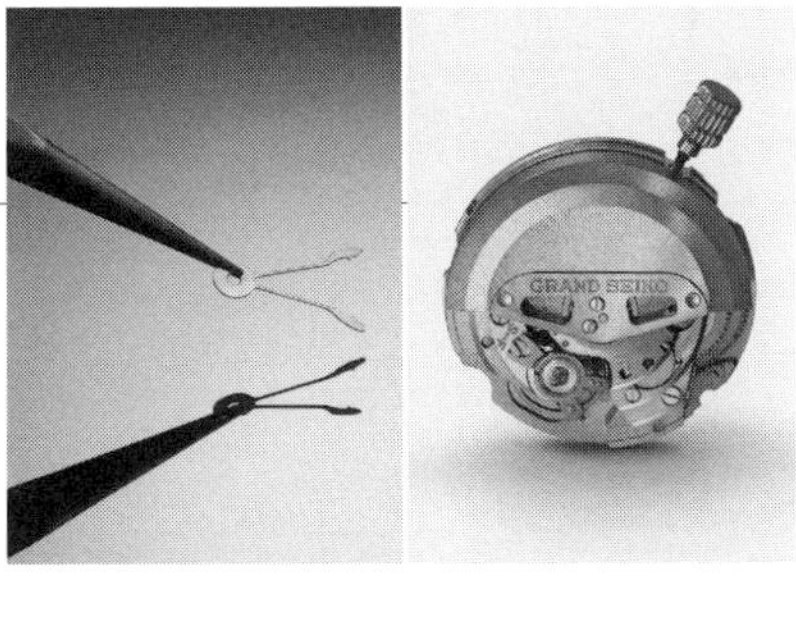

図12
諏訪精工舎が1959年に開発した自動巻き機構「マジックレバー」と、マジックレバーを組み込んだ「キャリバー61系」のムーブメント。

図14
米国ブローバ社との提携により、
シチズンが生産・販売した国産初の音叉式電子腕時計
「ハイソニック」(1971年)。

14年頃には定時運行を行えるようになった。人々が日常的に鉄道を使うようになった第2次世界大戦後、いっそう正確な時計が求められたのは当然だった。

より高い精度を求める方向性は、高度経済成長期に加速した。1960年に初代グランドセイコーを発売したセイコーは、1964年以降、スイスの精度競争である天文台コンクールに出展するようになった。セイコーの製造会社である諏訪精工舎、第二精工舎は毎年のように設計を変更し、1968年にはジュネーブのコンクールで上位を独占した。同社はその技術を量産品に転用することで、機械式時計の精度を大きく高めたのである。

一方、電気時計に取り組んだのはシチズンである。1966年の「エックスエイト」はトランジスタ駆動による可動磁石型のテンプモーターを採用した、日本初の電気式腕時計だった[図13]。また1971年(昭和46年)には日本初の音叉式電子ウォッチを発表。ブローバとの提携で生まれた1971年の「ハイソニック」は、月差±1分という高精度を持っていた[図14]。

海外進出も、高精度に取り組まざるを得ない一因となった。第2次世界大戦で海外市場を失った日本のメーカーは、1960年代に入ると海外への再進出を果たした。当初その割合は低かったが、1965年(昭和40年)になると、完成品に占める輸出数は35%まで向上したのである。結果、日本のメーカーは、海外の優れたメーカーとの競争にさらされるようになった。とりわけ日本のメーカーが脅威に感じたのは、最大の市場と目していたアメリカの時計メーカーだった。

戦中から戦後にかけて生産性の改善に失敗したアメリカの時計産業は、1950年代に入ると、生産性を改善するのではなく、より高価で高精度な電子時計に活路を見出した。1954年、ハミルトンは可動磁石型のテンプモーターを載せた「エレクトリック」を発売。1960年にはブローバもスイスの技術を使った、音叉駆動の腕時計「アキュトロン」を発表した。とりわけ月差±1分以内というアキュトロンの精度は、アメリカ進

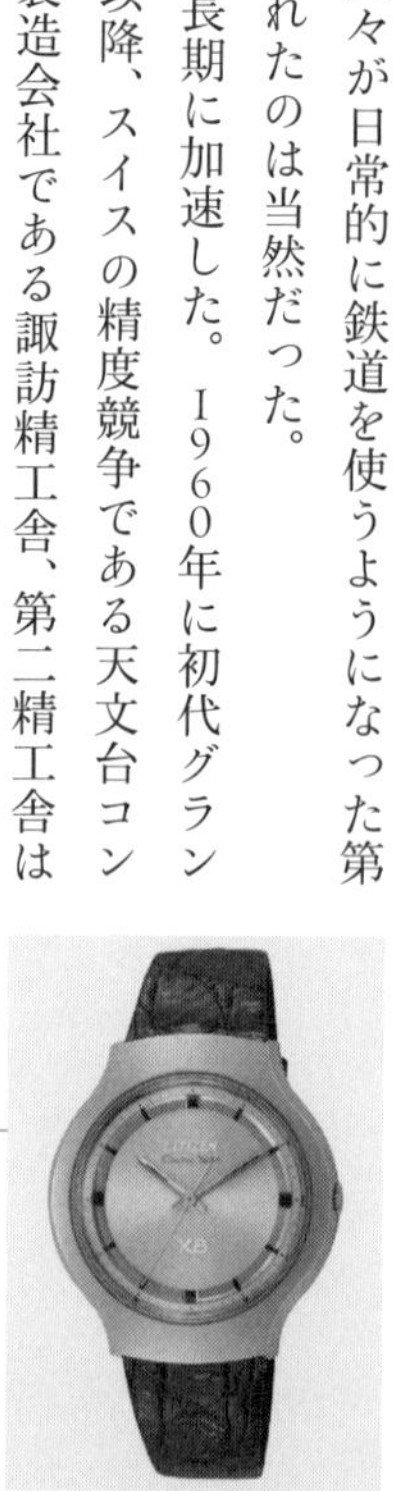

図13
自動巻きが主流の時代にシチズンが発表した、
国産初の電子時計「エックスエイト」(1966年)。

出を目指す日本のメーカーにとって、大きな脅威となったのである。

高精度を謳った本格的な試みが、1967年に発売されたいわゆるハイビート機の「ロードマーベル 36000」である。製造する諏訪精工舎は天文台コンクール用ムーブメントのテンプに、高い振動数を与えることで、上位に入賞するようになった[図15]。その技術を転用した「ロードマーベル 36000」は、日本のみならず、アメリカでも大きな成功を収めたのである。高精度には高価格を付けられる、という認識をもたらした点で、このモデルは画期的だった。

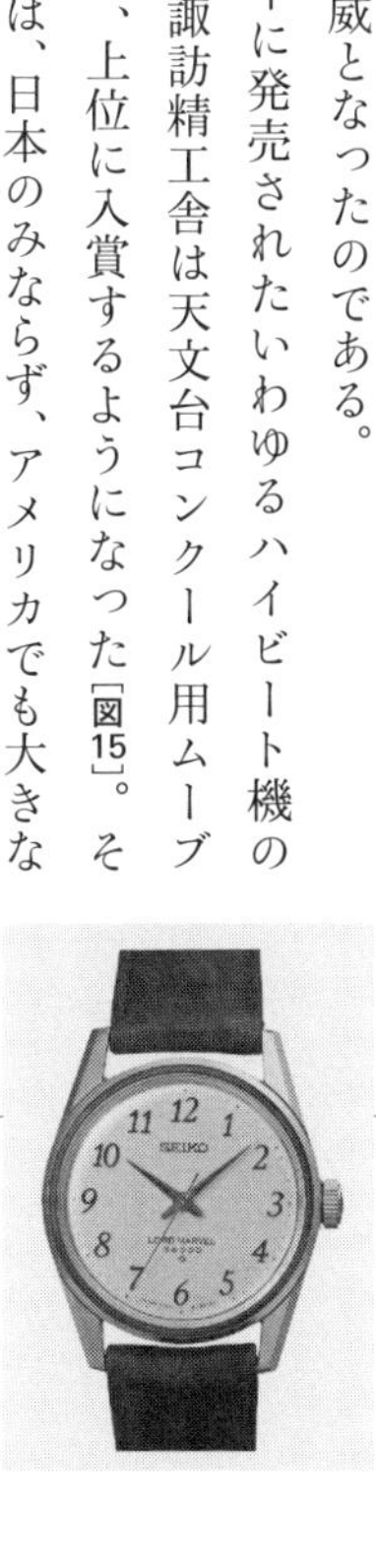

図15
国産初のハイビートウォッチ、セイコーの「ロードマーベル36000」(1967年)。

高度な自動化が可能にしたクオーツウォッチの量産

クオーツウォッチが世界に与えた影響

より高い精度を求めた諏訪精工舎は音叉時計の開発を断念し、代わりに心臓部に水晶振動子を持つクオーツ時計の量産化に取り組んだ。機械式時計に比べてはるかに高い振動数を持つクオーツを使えば、時計の精度は劇的に高められる。同社は1964年のオリンピックに合わせてクオーツクロックの「クリスタルクロノメーター」を完成させたが、小型化と量産化へのハードルはなお高

図17
1963年にセイコーが発表した、
世界初の携帯型水晶時計「クリスタルクロノメーター」。
東京オリンピックの長距離レースの親時計として活躍した。

かった[図16、17]。

同時期にスイスも、クオーツを載せた腕時計の市販化を進めていた。しかし、CEH（スイス電子時計センター）を構成するスイスの時計メーカーが、高精度で高価なクオーツ時計を機械式時計の上位に位置付けていたのに対して、諏訪精工舎とセイコーは、機械式時計に取って代わるものと考えていた。事実、クオーツを発売した2年後に、セイコーは今まで手掛けてこなかったピンレバー脱進機を載せた安価な機械式時計の製造を始めるようになった。

世界初の量産型クオーツ腕時計が、1969年12月25日にセイコーが発売した「セイコー クオーツ アストロン 35SQ」である[図18]。発売時の価格は45万円で国産車1台相当だったが、1971年に発売された後継機の38SQでは13万5000円まで下がった。クオーツ時計の開発に当たって、日本の時計メーカーはクラブツースレバー脱進機と同じアプローチを選んだ。高価だが信頼性と精度に優れるメカニズムを採用し、大量生産で価格を下げる。可能にしたのは、1950年代以降に普及した生産性を考慮した設計と、1960年代後半に開発された、半自動及び自動の生産・組立ラインだった。各社の自動化は、昭和50年頃には完成し、それはクオーツの大量生産を加速させた。

1960年代後半の時点で、日本の時計メーカーはスイスやアメリカに比べて、遥かに高い生産性を持つようになっていた。時計の製造原価に占める人件費の割合は約45%と、スイスの約80%に比べると約半分だった。さらに生産体制の自動化が進むと、人件費の割合はいっそう低減し、労働集約的だった日本の時計産業は、いち早く資本集約的な産業に転換した。加えて機械への依存度を高めた日本の時計メーカーは、内製化した機械を製造販売することで、事業の多角化を進めたのである。

図16
東京オリンピックに向けて
大型時計の製造を行う
精工舎の風景。

この時代、スイスの時計関係者は、クオーツ時計はアメリカに時計産業を復活させると予想していた。事実、半導体を製造するインテルやテキサス・インスツルメンツなどは、LEDやLCDを搭載した安価なデジタルクオーツ時計を製造。これらはピンレバー脱進機を載せた、スイス製の安価な機械式時計を脅かすものと見なされていた。1976年にテキサス・インスツルメンツは19ドル95セントのLEDウォッチを発表。続いてフェアチャイルドセミコンダクターも25ドル95セント、インテル傘下(当時)のマイクロマも49ドル95セントという安価なLCDデジタルウォッチを発表した。しかし、アメリカメーカーの試みは短期間で失敗した。半導体メーカーは時計の販路を持っていなかった上、高い不良率は消費者たちの信頼を失わせるには十分だったのである。

1970年代に入ると、アメリカだけでなく、様々なメーカーが時計産業に進出した。そのひとつに、日本のカシオ計算機がある。1960年代に電子計算機を発売した同社は、1971年に、定価4万円を切る小型電子計算機の「AS-8」をリリースした。合わせてカシオは、文具卸約50社と傘下の文具店約3万店による販売組織を構成することで、全国規模の販売体制を確立した。電子計算機の分野でトップになった同社が、新規事業として注目したのがデジタルクオーツ時計だった。電子計算機に使われるLSI技術を転用できる上、全国に3万もの販売店がある。同社は1974年に「カシオトロン」を発売。これは2月末以外の日送りを自動で行うオートカレンダーを載せた、画期的なデジタルウォッチだった。

「デジタルはカシオ」というコピーとともに時計産業に進出したカシオ。しかし、強力な販売網を持つ既存メーカーのハードルは高かった。そこで同社は、文具店に加えて、スーパーマーケット、ホームセンター、ディスカウントショップといった新たな販路の開拓に努めた。カシオが先鞭を付けた販売先の多様化は、1980年代以降、日本の時計メーカー間に販売競争を招くこと

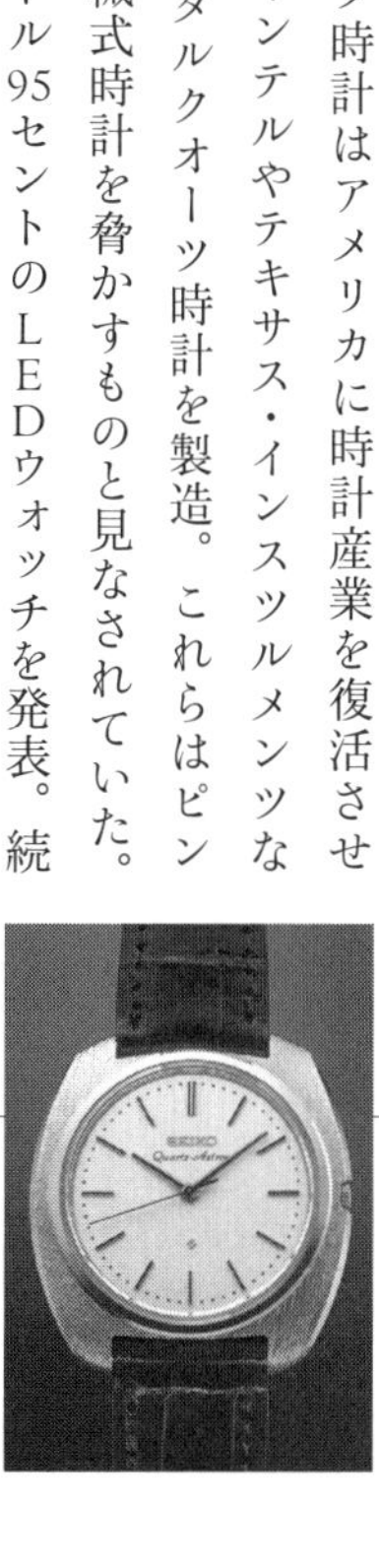

図18
世界で初めて実用化された
量産型クオーツ式腕時計「クオーツ アストロン 35SQ」。

図19
ふたつの水晶振動子を備えて精度を高めた、
セイコー「スーペリア ツインクオーツ」(1978年)。

になる。また、既存のケースメーカーから外装を供給されにくかったカシオはプラスチック製の外装開発にも取り組んだ。その集大成とも言えるのが1983年に発表された初代「Gショック DW-5000C」だった。

高すぎる生産性ゆえのジレンマ

1970年代に入ると、生産性をさらに高めることで、日本の時計メーカーはクオーツの大量生産に成功した。1973年に2804万個だったウォッチの製造数は、1977年には約4490万個に急増し、ウォッチの世帯普及率はほぼ100%となった。続いてクオーツ時計のシェアが機械時計を上回った1979年には5967万個に達し、翌年にはついにスイスの時計産業を上回ったのである。

クロックも同様だった。1975年から市場に広まったクオーツクロックは、毎年のようにシェアを増やし、1979年には、生産個数約4350万個のうち半数近くを占めるようになった。

時計産業の躍進を牽引したのはセイコーウオッチとシチズン時計だった。1970年代当時のクオーツ時計は、機械式時計よりもはるかに厚かった。対してセイコーはムーブメントの薄型化を進め、1975年には極薄のクオーツ時計「シャリオ」を発売した。またムーブメントの高精度化にも努め、1978年の「スーペリア ツインクオーツ」では年差±5秒という精度を実現した[図19]。

クオーツ時計の開発に後れを取ったシチズンは、部品の内製化と製造工程の機械化で生産性を高めた。その象徴が、1981年に発売された「キャリバー2035」である［図20］。このムーブメントは驚くほどの低価格で提供され、たちまちクオーツムーブメントの世界標準となった。可能にしたのは5秒に1個という世界最速の全自動生産システムだった。以降もシチズンは製造ラインの改良に努め、現在では1秒に1個の製造が可能となった。のべ30億個も製造された「2035」は、高い生産性に注力した1980年代の日本時計産業を象徴する存在、と言えるだろう（『クロノス日本版』第24号、2009年掲載時）。

クオーツ時計が世界標準となった1980年代初頭、日本の時計メーカーは圧倒的な強さを誇った。スイスは生産ラインの自動化に失敗した上、高価格帯へのシフトも、スイスフランと金の高騰に阻まれた。また半導体メーカーが牽引したアメリカメーカーの新しい試みも、1981年までにはほぼ消滅した。1980年代の急激な円高は日本の時計産業に影を落としたものの、海外移転を進めることで、日本の時計メーカーは影響を短期間で克服したのである。

しかし、高すぎる生産性と販路の多様化による反動は、国内販売価格の下落という形で現れた。クオーツが普及し始めた1976年、針で時間を示すアナログ時計の割合は79%と、デジタル時計の15.4%より遥かに高かった。しかし、クオーツの普及とともにアナログ式の割合は急減し、1982年に両者のシェアは逆転した。1985年に両者の開きはさらに大きくなり、高価なアナログ式の29.9%に対して、安価なデジタル時計の割合は66.1%に拡大したのである。スイスのジャーナリストであるジル・バイヨが、1981年に日本の時計メーカーは供給過剰にあると指摘した通り、以降、日本のメーカーは高すぎる生産性に苦しむこととなる。

その結果、日本の時計メーカーは3つの方向性を目指すようになった。具体的にはいっそうの販売競争と、時計の高機能化、そして高級化である。まずは販売競争。1960年代に再び激化した時計の廉売は、販売価格の下落と、小売店の経営悪化を招いていた。加えて、カシオ計算機が時

図20
シチズンが1981年に発売した
クオーツムーブメント「キャリバー2035」。
後に、アナログクオーツムーブメントの世界標準となる。

図21
アナログとデジタルの両機能を持つ、
シチズン「デジアナ」(1978年)。

計店以外の販路を拓いた1974年以降は、ディスカウントショップが強力な販売先となった。

方針を転換したセイコーはディスカウントショップとの取引を開始。加えてカシオが独占していた低価格帯のデジタル時計市場に参入するため、1979年には「アルバ」ブランドを設立した。対してシチズンも、1979年に廉価なデジタル時計ブランドの「ベガ」を設立。デジタル時計の低価格化は急激に進んだ。

1975年頃に広まりだしたディスカウントショップとの取引開始は、1980年代から1990年代にかけて各メーカーの販売競争を激化させた。シチズンホールディングスで社長を務めた梅原誠は、とりわけ1993年から1996年にかけて続いた価格競争が企業体力を奪った、と述べる。事実、1980年代初頭に20%以上もの営業利益率を誇ったシチズン時計は、2002年には126億円の赤字を記録した。またセイコーウオッチの時計事業も1980年代半ばをピークに下落を続けたのである。

もちろん、各メーカーは低価格化に無頓着ではなかった。日本のメーカーが取り組んだのは、クオーツ時計のさらなる多機能化である。1978年のシチズン「デジアナ」は、アナログ表示とデジタル表示を併載することで、1/100秒計測機能と60分積算計を搭載したクロノグラフである[図21]。1982年のセイコー「液晶テレビウオッチ」は時計の枠を超えたもので、アラームクロノグラフに加えて、FMラジオ、VHF、UHFの視聴が可能という多機能ぶりだった[図22]。同年には、シチズンもラジオの視聴可能なデジタル時計の「ベガ ラジオボーイ」を発表。翌年には、カシオが多機能デジタル時計の決定版とも言える「Gショック」を発売した。

多機能化への試みのなかには、成功を収めたものもある。1983年のセイコー「ジウ

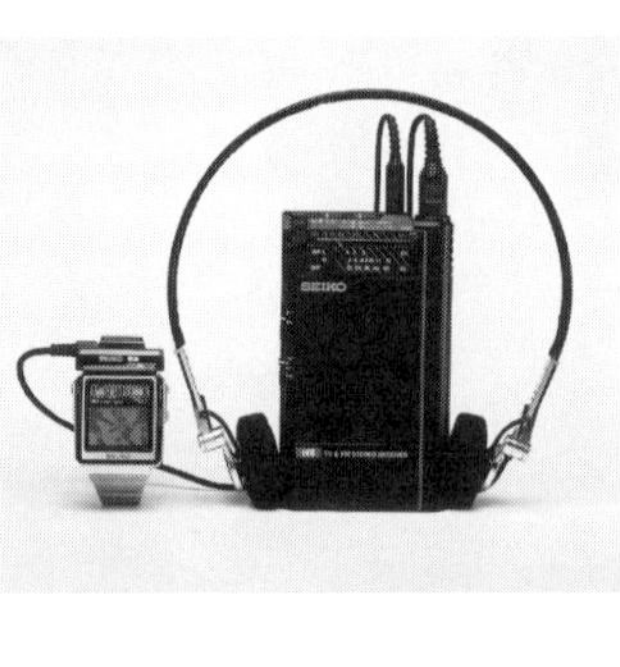

図22
チューナーとヘッドホンが付属した
セイコーの「液晶テレビウオッチ」(1982年)。

図23
シチズンが完成させた、ヨーロッパ、英国、日本に対応する世界初の多局受信型電波時計（1993年）。

ジアーロ コレクション スピードマスター」は4つの小型モーターを搭載した、世界初のアナログクオーツクロノグラフである。小型モーターでアナログクオーツを多機能化する手法は、以降日本メーカーの定石となった。

1976年に太陽電池を採用したシチズンは、1986年の「アナログ ウィズソーラーセル」で、ソーラー時計の基本設計を確立。省電力化を推し進めた同社は、1993年に受信した電波で時刻を修正する「電波時計」をリリースした［図23］。このふたつも後に、日本メーカーが広く採用するようになったものだ。

1980年代の多機能化は、当初デジタル時計を中心に進んだ。しかし、セイコーがマルチモーターを採用して以降、セイコーとシチズンの2社は、アナログクオーツ時計の多機能化にも取り組んだ。1989年のセイコー「ビジネスタイミング」と同年のシチズン「アバロン スーパーカレンダー」は、マルチモーターが可能にした多機能アナログクオーツ時計の完成形である。

高級化への取り組みも1980年代に始まった。1970年代から1980年代初頭にかけて、日本のメーカーはスイスに倣い、薄さと高級さを同義語と考えていた。この時代に、アナログクオーツ時計の薄型化が進んだ理由である。しかし、デジタルクオーツ時計の薄型化が進むと、薄さ＝高級とは見なされなくなってきた。対してセイコーは1987年の「クレドール エントラータ」に立体的なモチーフを盛り込み、翌年にはグランドセイコーのブランドを復活させたのである［図24］。もっとも、1980年代以降、日本の時計メーカーが注力したのは、飽和した時計市場の開拓以上に、事業の多角化だった。事実、諏訪精工舎を前身とするセイコーエプソンを例に挙げると、1980年には約90％を占めていた時計部門のシェアは、プリンタ分野への進出に伴い、わずか20年で約48％にまで急減した。こういった状況において各メーカーが優先するのは、多機能化や高級化よりも省コスト化だったのである。

図24
セイコー「クレドール エントラータ」（1987年）。
装飾性の高いクレドールは1974年にブランド化された。

1989年(平成元年)4月1日に、日本は消費税を導入し、代わりに時計などに課していた物品税を廃止した。その結果、スイスからの時計輸入が急増した。

1911年に関税自主権を回復した日本は、1924年(大正13年)の奢侈税と1926年(昭和元年)の関税引き上げにより、海外からの時計輸入をほぼ止めることに成功した。この流れは戦時体制とともに強化され、1940年には恒久的な税制として物品税が導入された。日本は1952年に海外からの時計輸入を再開したが、貴金属製の時計には50%、後には40%の物品税が課せられた。それは日本の時計メーカーを保護した反面、貴金属を使った高額品への取り組みを遠ざける結果となった。

奢侈税が廃止された結果、日本には貴金属を使った高価なスイス製の時計が輸入されるようになった。日本の時計メーカーは、日本にも高額品市場があることを理解したが、当時、スイスの高級時計に対抗できる高額品は、セイコーの「クレドール」以外に存在しなかった。

腕時計の未来

2000年代に始まった、高級品への取り組み

1990年代に入っても日本の時計産業は規模を拡大し続けた。しかし、この時代には時計の低価

格化と生産拠点の海外移転が顕著になった。1980年代のシチズンを支えた「2035」の生産ラインが海外に移されたように、日本の時計部品メーカーも、多くがアジアに工場を持つようになったのである。生産体制の合理化に成功しすぎたが故に、日本の時計メーカーは、価格を下げる以外の選択肢を持てなくなっていた。

そんな状況を悪化させたのが携帯電話の普及だった。1993年にわずか3.5％だった携帯電話の普及率は、1998年度中に50％を突破し、2000年には78.5％に達した。その結果、若年層の購買力は大きく下がったと言われている。いわゆる「携帯不況」である。

2000年代、セイコーウオッチは時計の普及率に関する調査を行った。この調査によると、1998年に98.9％だった時計の保有率は、2003年には91.2％まで急減し、使用個数の平均も1998年の1.7個から、2003年の1.3個へと減少した。年代ごとに見た時計の保有個数はいっそう深刻だった。16才から24才の男性は、約23.3％が時計を所有せず、これは50才から64才の7.6％の約3倍近かった（2008年度）。

この状況は、海外も同様だった。1998年に2950億円を記録した日本の時計輸出高（海外生産分を含む）は、翌年には2350億円、2000年には1998億円と急減したのである。わずか2年で出荷額が33％も減少した理由は、携帯電話の普及である。当時、セイコーウオッチで国内営業本部長を務めていた高橋修司は、携帯電話の普及でクオーツウォッチの出荷数にブレーキが掛かった、と述べた。

19世紀の後半から2000年前後に至るまで、日本の時計メーカーは生産性と高い精度、そして機能性に注力することで成功を収めた。しかし、1980年代の価格競争と、90年代以降の携帯電話の普及は、日本のメーカーに方向転換を強いることになる。それが1980年代にも見られた高級化だった。2000年代に入ると、シチズンとセイコーは事業のリストラクチャリングに着手し、

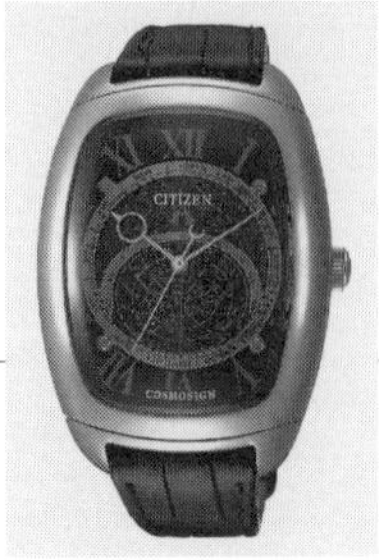

図26
星座盤に見立てた文字盤に
北緯35度の全天星座を再現した、
シチズンの「カンパノラ コスモサイン」（2001年）。

一部コレクションの高級化に取り組むようになった。

機械式時計に活路を見出したのは、セイコーの製造会社のひとつであったセイコーインスツルメンツ（現セイコーウォッチ）である。同社はもうひとつの製造会社であるセイコーエプソンから自動巻きムーブメントの「7S」を譲り受け、海外で大量生産していた。しかし、これらは自動化ラインで組み立てられる安価なものであり、機械式時計に関するノウハウは途絶えていた。対して同社は、1988年に「機械式時計復活プロジェクト」を発足させ、1992年に新型自社製ムーブメントの「4S」を発表した。続いて1998年には新型ムーブメントの「9S55」を発表し、グランドセイコーに機械式のメカニカルを復活させた。同社は2002年に組み立てラインを集約化し、2004年には子会社の盛岡セイコー工業内に「雫石高級時計工房」を設立した。以降、セイコーの高額な機械式時計は、この工房を中心に製造されている。

高級化に乗り出したセイコーのもうひとつの核となるのが、ゼンマイを動力源に、調速機にクオーツを持つ「スプリングドライブ」だった[図25]。開発当初このメカニズムは、機械式時計の代用品のような安価なものと位置付けられていたが、2001年に発表された「クレドール スプリングドライブ」は明らかに高級時計を目指したものだった。機械式とスプリングドライブを両軸に進んだセイコーの高級化は、2003年にいっそう具体化する。同年、セイコーホールディングスの社長に就任した服部真一は「セイコーはマニュファクチュール」と強調し、セイコーのブランド化を進めた。

一方、光発電のエコ・ドライブ、そして電波時計とデザインに注力したのはシチズンである。1980年代以降、シチズンの時計ビジネスは、完成品以上に「2035」といったムーブメントの販売に依存していた。しかし、社長に就任した梅原 誠はブランド価値の

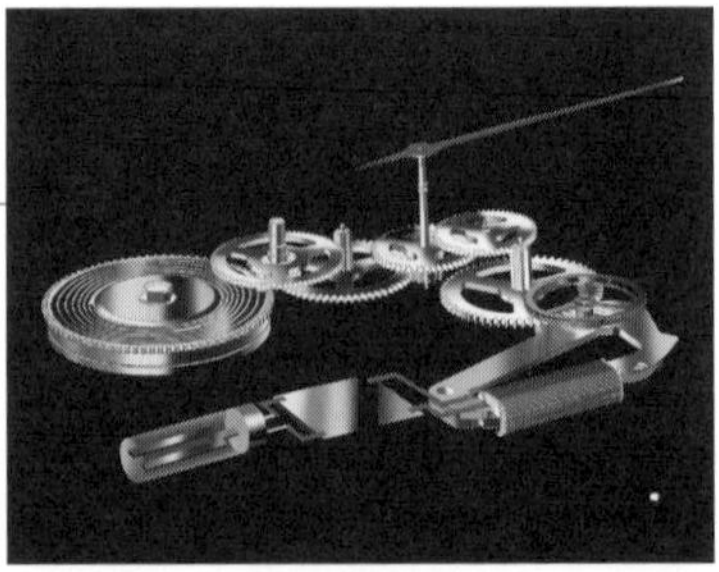

図25
主ゼンマイを動力源としてICと水晶振動子で
調速を行うセイコー「スプリングドライブ」。
機械式とクオーツ式のメリットを組み合わせたこの機構は、
電池が不要で高精度という特徴を持つ。

図28
チタンケースを採用したソーラー電波ウォッチ、
カシオ「オシアナスOCW-500」(2004年)。

向上を謳い、完成品のデザイン改良に取り組むようになった。

この時代のシチズンを象徴するのは、高機能クオーツに高品質な外装を合わせた「カンパノラ」[図26]や、２００９年のコンセプトモデル「エコ・ドライブ リング」である。これらは生産性を考慮してきた日本製の時計としては例外的に立体的な外装を持っていた。外装での高級化は、２０００年代以降のシチズンの大きな特徴である。

またセイコーとシチズンは、１９８０年代以降取り組んできた生産拠点の海外移転に歯止めをかけ、一部の製造ラインを日本へ戻すようになった。好例が、生産性の向上に努めてきたシチズンである。２００４年、同社は海外にあった製造拠点の一部を国内に戻し、熟練技能者が完成品を製造させるラインを整備した。加えて高額品の少量生産に対応できるよう、シチズン平和工場(長野県)に、より小型化した生産ラインを導入した。

安価なデジタルウォッチでシェアを伸ばしたカシオも高級化に取り組むようになった。同社はシチズンの協力を受けて、１９８９年にデジタル表示とアナログ表示を併せ持つ「アナデジウォッチ」の製造を開始[図27]。２００４年には、アナログクオーツ時計の開発に成功した。同年11月に発売された「オシアナスＯＣＷ-５００」は世界初のフルメタル電波ソーラークロノグラフである[図28]。以降同社はオシアナスの高級化に取り組み、２００７年(平成19年)には外装を改良した「マンタ」を追加した。高級化への取り組みを支えるのは、製造工場のひとつである山形カシオである。同社は２０13年に、日本製高級モデルを製造する生産ラインのＰＰＬ(プレミアムプロダクトライン)を設けて、既存モデルとの差別化を図るようになった。

オリエントも同様である。１９７０年代以降も機械式時計を製造していた同社は、２００３年に時計工房のＯＴＣ(オリエントテクニカルセンター)を設立。２００５年には定価36万５０００円の高級ラインである「ロイヤルオリエント」を発売した。同社はセイコー

図27
カシオ「Gショック」初の
アナログ・デジタルコンビネーションモデル(1989年)。

エプソンの傘下に収まった2014年以降、機械式時計への傾斜を進め、ムーブメントの一部を露出したスケルトンモデルをリリースするようになった。

市場の変化がもたらした、新しい日本製時計の形

しかし、2000年代以降に日本メーカーが取り組んだ方向転換は、すぐには実を結ばなかった。2009年度3月期の決算では、シチズンホールディングスが258億円、セイコーホールディングスが35億円、カシオ計算機は231億円の赤字を記録したのである。携帯電話の普及が一因だったとはいえ、1980年代に最盛期を迎えた日本の時計産業は完全に凋落した。

もっとも、2010年以降、3つの要因が各メーカーの高級化を加速させた。ひとつは高価格帯における日本メーカーの競争力が改善されたこと。1999年の時点で、スイスの年平均賃金は6万1164スイスフラン（約458万7300円、1フラン75円で換算）と、日本の約461万円とほぼ同じだった。しかし、スイスの平均賃金と通貨は年々上昇。2011年のスイスの年平均賃金は、7万1856スイスフラン（約632万3330円、1フラン88円で換算）と、日本の406万円の約1.5倍に上昇した。

賃金とスイスフランの上昇は、必然的にスイス製高級時計の価格上昇を促した。対してスイスのメーカーは生産性の向上に取り組んだが、それは、手作業で作る高級品という打ち出しを難しくした。一方で、相対的に賃金の安いドイツと日本の時計産業は、手作業への依存度の高い高価格帯でプレゼンスを高めつつある。

図29
1時間ごとに音で時間を知らせるソヌリ。
それを無音のスプリングドライブに搭載したのが
セイコー「クレドール ノード スプリングドライブ ソヌリ」(2006年)。

こういった変化を象徴するのが、２００６年のセイコー「クレドール ノード スプリングドライブ ソヌリ」である［図29］。１時間おきに音を鳴らすソヌリは、最も複雑な機械式時計とされている。セイコーはこの機構の開発に成功しただけでなく、１５００万円という戦略的な価格を与えたのである。

もうひとつの要因が、市場の変化だった。１９９０年代以降、スイスの時計メーカーは生産性を向上させるだけでなく、膨大なマーケティング予算を費やすことで、高級時計の分野で持っていた独占的な地位を強化した。しかし、２０１０年以降に台頭した一部の新しいユーザーたちは、スイス製の時計に対して距離を置くようになり、代わりに「非伝統的」なドイツや日本の高級時計に目を向けるようになった。好例がグランドセイコーである。２０１６年にアメリカに進出した同ブランドは、２０１９年に高級時計の分野で４番目のシェアを持つようになった。主に牽引するのは、アメリカの新しい時計ファンたちである。

そしてもうひとつの理由が、日本のメーカーがブランドを意識するようになったことだ。１９８０年代から２０００年代にかけて、日本のメーカーは様々なコレクションのスクラップ＆ビルドを行った。対して、２０１０年代以降は、一転してブランドの育成を考えるようになった。そこで見られるのが、伝統とアイコンの強調である。

いち早くブランド化に取り組んだのはセイコーである。１９８８年にグランドセイコーを復活させた同社は、２０１７年には同ブランドを独立化。文字盤にある「ＳＥＩＫＯ」のロゴを「Grand Seiko」に置き換えて、セイコーとの違いを強調した。加えて過去のモデルを定期的に復刻することで、歴史あるブランドであることを強調するようになった。香港の時計メーカーで構成される香港時計協会は、セイコーのこういった取り組みを高く評価する。

２００５年以降、高級化に取り組んできたカシオも同様である。同社は外装の改善と高機能化で

図30
ミナセ、「ヒズ」シリーズ「ホライゾン」(2011年)。
秋田県湯沢市皆瀬で創業した協和精工は、
切削ツールやケース製造のノウハウを生かして、
「ミナセ」ブランドを設立した。

単価を引き上げてきたが、2017年に方向性を大きく変えた。この年、同社は金属製の外装を与えたGショックを発売。ベースに選ばれたのは、1983年に発表された初代Gショックだった。このモデルは大ヒットを遂げ、カシオは時計部門の売り上げ増と、平均単価の引き上げに成功した。現在同社が取り組むのは、既存モデルの「メタル化」と、メイド・イン・ジャパンを強調した高額品である。

セイコーエプソンに吸収されたオリエントもブランド化に取り組みつつある。機械式時計に注力する同社はブランドをベーシックなオリエントと高級なオリエントスターに分け、前者に多彩なデザインを、後者にスケルトンを与えるようになった。いずれも同社が長年取り組んできた手法であり、オリエントは過去との連続性を強調することで、ブランド価値を高めようとしている。

また2010年以降は、小メーカーや個人作家が台頭するようになった。1945年以降、日本の時計産業は販売力と開発力を高めた大メーカーが牽引してきたが、2010年以降は、小資本が時計作りに参入するようになった。

その成功例にノットがある。創業者の遠藤弘満は、日本製の安価で良質な時計作りを目指して、2014年に同社を設立。戦略的な価格に加えて、様々なベルトを選べるノットの時計は、国内外で広く人気を博した。

少量生産に取り組むのは、秋田のミナセである。長年時計メーカーのOEMを行ってきた協和精工は、2005年に自社ブランドのミナセを発売。凝った外装を持つ2011年の「ヒズ」シリーズで、時計愛好家の注目を集めるようになった[図30]。また、飛田直哉の創業したNH WATCH[図31]や、菊池悠介と中川友就の起こしたKIKUCHI NAKAGAWAも、定価200万円を超える、良質な機械式時計を生産するようになった。

2010年以降、独立時計師と言われる個人作家も、世界で活躍するようになった。浅

図31
ウォッチビジネスで長い経験を持つ
飛田直哉が設立した時計ブランドがNH WATCH。
2019年のデビュー作が「NH TYPE1B」(2019年)である。
少量生産による希少性が時計愛好家に訴求した。

岡 肇と菊野昌宏［図32］は、スイスの独立時計師協会であるアカデミーのメンバーになり、牧原大造も続こうとしている。かつて大量生産で知られた日本の時計産業は、精密で高価な少量生産の時計でも、ユニークな立ち位置を得つつある。

　こういった変化の背景には、他分野のメーカーが、時計分野に注目したことが挙げられる。とりわけ、工作機器や精密部品を製造するメーカーが、新しい高級時計の製造を下支えするようになったことは大きい。

　ともあれ、高すぎる生産性というジレンマから脱して、生産性とクラフツマンシップの両立に取り組もうとしているのが、２０１０年代以降に日本メーカーが向かっている方向性と言えるだろう。もっとも、時計メーカーを取り巻く環境は、いっそう厳しさを増している。２０１６年に発表されたアップルウォッチは、低価格帯のスマートウォッチ化を推し進めた。現在、５００ドル以下の時計の半数以上がアップルウォッチを含むスマートウォッチに置き換わった、と言われている。その結果、日本の時計メーカーは低価格帯での競争力を失っただけでなく、海外へのクォーツムーブメントの輸出も激減した。またスマートウォッチの普及に伴い、普通の時計に対する需要は、価格帯を問わず減少している。

　しかし、販売価格の下落と携帯電話の普及で失墜した日本の時計業界は、高級化に取り組むことで、未来へのバトンを繋ごうとしている。１９２０年から２０２０年までの１００年を大量生産と時計普及の時代とするなら、次の１００年は、おそらく高級化の時代となるに違いない。そして、上述した３つの理由により、今後も日本の時計産業は高い競争力を持ち続けるだろう。

図32
文字盤上のインデックスが1日ごとに自動で動き、「不定時法」で時を表示する菊野昌宏の「和時計改」(2015年)。過去の和時計を範に取りつつも、独自の自動割駒機構を採用する。

コラム ④ 常に時代の一歩先を行く精神で拓いた時計産業の未来

日本に現代的な時計産業が芽生え始めた19世紀の後半、セイコーの創業者・服部金太郎も１８７７年に、服部時計店の前身となる「服部時計修繕所」を立ち上げ、中古時計の修理販売を始めた。同時に名人と称えられた職人の店でも働き、技術を学んでいった金太郎は、１８８１年に輸入時計の販売と修理を手掛ける「服部時計店」を創業。その後、東京・墨田区に「精工舎」を設立して、掛け時計、懐中時計、目覚まし置き時計などを相次いで発売し、輸入時計一色だった日本市場での国産時計の地歩を築いていった。この頃、現在も銀座の象徴としてそびえる時計塔の初代も設立した。

精工舎は機械部品の加工、組み立ての他、文字盤や針なども一括して手掛け、付属品や素材などの外注先も徐々に専属として傘下に置いていった。当初から精工舎は、生産の垂直統合方

①

②

③

式を目指したのである。当時も現在も、スイスの時計業界では一般的な水平分業方式に比べ、品質管理と開発スピードの面で、自社一貫生産は有利だった。日本をリードする技術を蓄えていった服部時計店は、１９１３年に国産初の腕時計「ローレル」を発売する。しかし１９２３年の関東大震災で、工場や営業所はほぼ全焼。顧客から預かっていた約１５００個の修理品も焼失してしまった。金太郎は「失った修理品の代わりに、同等品を無償でお返しする」と宣言。こうした真心の商売が、服部時計店の信頼を揺るぎないものとしていった。翌１９２４年には、精巧な時計を作ることを企図した精工舎の名前にちなみ、セイコーブランドが誕生した。

第２次世界大戦を経て、日本が高度経済成長期を迎える頃、セイコーの技術力は世界市場に肉薄を始める。１９６０年には、実用腕時計の

最高峰を目指した「グランドセイコー（GS）」を発表。国産機械式時計の品質が一段と高まってゆくなかでセイコーは、当時スイスの各天文台で行われていた精度コンクールにも挑戦を開始する。素材や部品形状、加工精度、調整技術などに研鑽を重ねた結果、1967年にはヌーシャテル天文台で企業賞の2位、3位を獲得。翌年のジュネーブ天文台コンクールでは、過去最高得点で精度調整の記録を打ち立て、機械式として上位を独占するに至った。一方、ヌーシャテル天文台での快挙に沸く1967年に、デザイン面でのセイコースタイルを確立させた「44GS」、自動巻きモデル「62GS」を相次いで発表。1969年にクオーツ腕時計の「クオーツ アストロン」を登場させたことで、クオーツで高精度を追求することに軸足を移した。しかし、再び高級時計に対する需要が大きく高まった1988年にGSは華々しく復活。クオーツ、機械式の新型ムーブメントに続き、2004年にはスプリングドライブを登場させて、ここに現代の基幹ラインナップが完成を見る。2017年に独立ブランド化されたグランドセイコーは、グローバル市場でも高い評価を獲得。2020年には、世界初の機構を備えたコンセプトモデルの「T0コンスタントフォース・トゥールビヨン」を発表する。常に時代の一歩先を見据えて研鑽を重ねてきたセイコーは、世界市場をリードする存在へと飛躍を遂げようとしている。

——文：鈴木裕之（140頁〜145頁）

④

⑤

① 創業者 服部金太郎（1881年創業）
② 精工舎（1892年設立、写真は1897年頃の正門）
③ 初代時計塔（1895年設立）
④ 独立ブランド化以前のグランドセイコー
⑤ 独立ブランド化後のグランドセイコー

コラム ⑤

人を驚かせる先進性と、人のためのテクノロジー

「市民に愛され市民に貢献する」を企業理念に掲げるシチズン。その創業は、やはり懐中時計の国産化を目指すところから始まっている。明治後期から戦前にかけて活躍した政治家、実業家の山崎亀吉が叔父が開業した店の共同経営者となり、東京・馬喰町に貴金属商・清水商店を構えたのが1893年。後のシチズンとなる尚工舎時計研究所が設立されたのが1918年である。山崎は欧米から工作機械を輸入しつつ、部品加工用の機械は自社で製造。技術者育成のための時計学校なども運営しながら、1924年には自社製懐中時計第1号を完成させる。山崎と親交のあった当時の東京市長・後藤新平は「永く広く市民に愛されるように」との願いをこめて、これを「CITIZEN」と命名した。社名がシチズン時計となるのは1930年のことだ。

国内の時計産業としては後発ながらも、シチズンは類い希なる先進性で基盤を固めていく。腕時計貿易が自由化された1960年代にはアメリカのブローバとの提携で輸出を拡大。また本格的な国産電子時計第1号となった「X-8」など、電磁テンプ式時計の開発にも着手する。またブローバと共に設立したブローバ・シチズン（現シチズン電子）では、音叉式時計の国産化も達成。クオーツの普及に先駆けて、国産電子時計の黎明を告げたのはシチズンだったのだ。一方、従来からの機械式時計の分野では、独自の耐震装置である「パラショック」の優位性を立証するために、地上30メートルを飛ぶヘリコプターから時計を落下させる公開実験を1956年に実施。スイス製耐震装置に代わるキーパーツの国産化を成し遂げた偉業の裏に、人を驚かせる＝人のための先進性という独特なブランド体質を読み取ることができる。

①

②

③

現在のシチズンは、軽くて肌に優しいチタニウム製の外装やその表面硬化技術である「デュラテクト」、太陽電池時計の先駆けとなった「エコ・ドライブ」などのテクノロジーに磨きをかけている。当時は切削加工が極めて難しかったチタニウム外装への取り組みは1960年代から研究が重ねられ、1970年に「X-8 クロノメーター」として腕時計ケースに初採用されている。続く1974年には太陽電池時計のためのデザインプロトタイプを発表。1976年にはエコ・ドライブの原型となる「クリストロンソーラーセル」が発売されている。1995年の「アテッサ エコ・ドライブ」では、同社の基幹技術となったチタニウム外装とエコ・ドライブが初めて組み合わされた。

④

⑤

① 創業者 山崎亀吉（1918年創業）
②「パラショック」公開実験（1956年）
③ 太陽電池時計のデザインプロトタイプ（1974年発表）
④「アテッサ エコ・ドライブ」（1995年発表）
⑤「ザ・シチズン」（2020年発表）

創業100周年を前に、大きな変革の時を迎えたシチズン。2012年にはスイス屈指の機械式ムーブメントサプライヤーとして知られるラ・ジュー・ペレ社を傘下に持つプロサーの株式を取得し、グローバルビジネスを拡大させる一方、2016年にはムーブメントの厚さわずか1ミリメートルというアナログ式光発電時計「エコ・ドライブ ワン」を発表。2019年には、年差±1秒という世界最高精度を誇るエコ・ドライブ ムーブメント搭載の「ザ・シチズン」を発表して、世界市場から驚嘆の声を持って迎えられた。2021年には再び機械式市場への本格的な参入を表明している。先進性に裏打ちされたシチズン独自のテクノロジーは、これからも人々を驚かせ続けてゆくだろう。

コラム 6

創造 貢献の精神から生まれた「Gショック」

壊れない腕時計としてカルト的な人気を集める「Gショック」の大ヒットにより、世界的なブランドとして認知されるようになった「カシオ」。正式な社名を「カシオ計算機」といって、電子式卓上計算機の分野での大きな成功が飛躍の端緒となった。同社の社是である「創造 貢献」は、「世の中になかったものを創造することで社会に貢献する」ことを意味している。

創業者の樫尾忠雄によって、前身となる「樫尾製作所」が東京・三鷹市に設立されたのは1946年のこと。当初は顕微鏡などを作る下請け工場としてスタートしたが、1954年にソレノイド式の電子計算機を自社開発したことで転機を迎えた。これは当時主流の歯車を用いた機械式計算機から複雑さや騒音といった問題を克服した画期的なものであった。開発に携わった忠雄、俊雄、和雄、幸雄の樫尾四兄弟に

①

②

③

よってカシオ計算機が設立された。初代の社長は四兄弟の父親であった樫尾茂が務めた。

カシオ計算機が腕時計の分野に進出したのは1974年のことである。発明王として知られた樫尾俊雄は「時間とは1秒ずつのたし算である」と考え、計算機の技術を応用した新事業として腕時計に着目。最初に開発された「カシオトロン」は、月の大小と閏年を自動で判別するオートカレンダー機能を搭載。時間、月、日付、曜日を切り替え式で表示するもので、「デジタルはCASIO」(当時のCMコピー)の先駆けとなった。

デジタルウォッチの雄として成長を続けるカシオに大きな転機が訪れたのは、1981年のことである。この年、デジタル時計の構造開発を担当していた伊部《いべ》菊雄が、自分の腕時計を落として壊してしまったことをきっかけに同僚の増田裕一やデザイナーらとともに「プロジェク

トチーム タフ」を結成。３階のトイレの窓からの落下実験などを通して、１９８３年にタフウォッチの代名詞となる「Ｇショック」の開発を成功させる。誕生時の開発コンセプトは、10気圧防水、10メートルからの落下に耐える耐衝撃性、電池寿命10年の〝トリプル10〟であった。「創造 貢献」の精神は、若い技術者たちの手によって「落としても壊れない丈夫な腕時計」へと結実していったのだ。

発表から間もなく、Ｇショックの人気は国内だけでなく、世界的な規模での拡がりを見せるようになる。契機となったのは北米市場への輸出時に使用された「ホッケーのパック代わりに使っても壊れない」という宣伝コピー。これが誇大広告との物議を醸し、ついにあるテレビ番

① 樫尾四兄弟
*左から俊雄、和雄、忠雄、幸雄（1946年創業当時）
② 「カシオトロン」（1974年発表）
③ 伊部菊雄氏（1981年撮影）
④ 落下実験で用いた初期の試作品
⑤ 初代Ｇショック（1983年発表）

⑤

④

組での公開検証まで行われるにいたった。このなかで、ナショナルホッケーリーグ選手によるシュートによっても機能を喪失しないことが実証され、信頼性を確固たるものにしていく。Ｇショックの累計出荷個数は２０１９年３月時点で1億2千万本を突破した。

またカシオはＧショック発表の2年後となる１９８５年に、フィルムウォッチと呼ばれた極薄デジタル時計の「ペラ」を発表。リーズナブルでデザイン性に優れたカシオ製の腕時計としてこちらも大ベストセラーとなった。日本で今日まで〝チプカシ〟の愛称で熱狂的なファン層に支えられているように、世界各国でも多くの人に愛され、人々の日常の役に立っている。

第4章

原子時計の発展と新たな世界の幕開け

細川瑞彦

第二次大戦前後に質的な変貌を遂げた科学技術。この発達により開発されたのが原子時計である。その飛躍的な精度の向上は、基礎科学と宇宙開発や測位技術、情報通信など、新時代を切り開く原動力となってきた。どのような科学技術の質的変化が、原子時計に圧倒的な高精度をもたらしたのだろうか。本章ではまず原子時計の高精度が生まれる原理を調べ、開発の歴史とともに、標準時がいかに構築・管理され、世界そして日本へ届けられてきたのかを技術面から見る。その上で日本における研究の成果を振り返り、近年では日本の技術の数々が次世代の原子時計研究において世界をリードしていることに触れる。

原子時計が開く新たな可能性

前章で、機械式時計と水晶式時計の主に日本での発展を見てきた。そこにはマーケティングやブランディングの努力とともに、技術面では精密機械としての製造技術の着実な進歩と、クオーツ技術への先進的な取り組みによる飛躍的な正確さの向上があった。このような時計の正確さの向上は、社会生活が高度化していくにつれ必要となってきたものである。また、自然界を知るためにも大きな役割を果たしてきた。その最も大きなもののひとつは、地球の自転が一様でないことの発見であったろう。地軸の傾きが1日の長さや南中の時刻まで季節変化をもたらすことは広く知られ、第1章で見た和時計の発展にもつながってきた。自転そのものが不規則に変化することは、1930年代から1940年代にかけて高性能な振り子式時計や水晶時計によって明らかにされてきた。時間の基準を地球の自転に求めることが危うくなってきたことや、高精度な科学技術の進歩により、さらなる正確な時計が求められるようになった。それに応えたのが原子時計という新たな種類の時計である[図1]。実験室ひとつをまるまる占拠するような研究開発品をはじめ、いくつかの企業が製造、販売を手掛けるものには、大は家庭用大型冷蔵庫を超えるようなものから、小は手のひらサイズの商用品まで様々なタイプがある。この新たな時計は1950年代に開発が大きく進み、1960年代から広く使われ始め、1967年には新たな秒の定義に採用されている。原子時計によって得られたこれまでにない正確さは、第5章で語られる先端科学に活用されると共に、今では我々の日常生活にも入り込み、欠かせない社会のインフラストラクチャーともなった。例えば米国のGPSに代表される全球測位衛星システム（GNSS）は現在、カーナビやスマホナビに欠かせない技術だ。衛星からの電波を地上で受信し位置情報を得るこのシステムで、1秒間に30万キロメートルの速さで伝わる電波を用いて数メートルの位置精度を日々得るためには、1日に1億分の1秒以下の狂いしかない原子時計が衛星に積まれ、信号の基準となることが欠かせない。また、大陸の移動を検証し、地殻変動の観測や電波天文学に大きな貢献をしているVLBI（超長基線電波干渉計、第5章で詳述）は、原子時計の信号を用いて観測データ解析時に100億分の1秒以下の時刻同期が要求される技術である。日本をはじめ、世界における国の多くの標準時は原子時計を用いて生成されている。また通信、放送などに関わるシステムは、適宜その標準時を参照し時刻合わせをする。正確さと信頼性を求める場合はそのシステムが自ら原子時計を備えることもある。量的に数桁に及ぶこのような時間計測の正確さの向上が、これまでとは質の異なる可能性を切り開き、新たな科学と社会の基盤を築いてきた。

図1
NICTで標準時の発生に用いられている原子時計群
セシウム原子時計（左）と、水素メーザー原子時計（右）は、それぞれに特長があり、日本で標準時を発生させている際に組み合わせて用いられている。
（画像提供：国立研究開発法人 情報通信研究機構）

原子時計とは、その基本的な仕組み

ひと口に原子時計と言ってもいろいろあるが、それらは何が共通原理であり、種類の違いは何から来るのか。まず、すべての原子時計に共通の動作原理について端的に言うと、筆者は次のふたつだと思っている。ひとつ目は、原子に基準の周波数を尋ねること。ふたつ目は、教わった周波数の信号の振動回数を数えて時間を測ることである。

では「原子に基準の周波数を尋ねる」とはどういうことだろうか。かつて究極の物質構成要素と考えられていた原子には、実は構造があり、特定の周波数の電波によってその構造とエネルギーが変わることが知られている。これを専門用語で量子遷移、あるいは単に遷移と呼ぶ。原子の様々な遷移のなかには、特定の周波数で幅広く遷移を起こすものと、非常に狭い正確な範囲内でのみ起こすものがある。この後者の遷移のことを時計遷移と呼ぶ。ある原子で時計遷移を起こす周波数が見つかったら、その原子を測定場所に導き、遷移を起こすと思われるあたりの周波数の電波を当ててみる。この段階で、我々はあまり正確な周波数を知らない。原子の時計遷移は、正確な周波数の電波でないと起きないため、電波の周波数を少しずつ高めたり低めたりして遷移周波数を探る。これが原子に基準の周波数を尋ねることである。また、原子の応答からその周波数を探し出すことができれば、尋ねた答え、つまり正確な周波数を教えてもらったことになる。

次のステップである「教わった周波数の信号から、振動回数を数える」とは、その教わった時計遷移の周波数を見失わないように、電波が波として何回振動するかを数えることである。原子時計には複数の種類があり、いずれもそれぞれの方法でこの原理を実践している。

原子時計の性能評価の尺度、確度と安定度

原理に続き、原子時計の性能を評価する尺度について見てみよう。通常の時計で月差○○秒、高性能なもので年差××秒というものがよく見受けられるが、原子時計ではその評価指標が少し異なる。また、一般向けには「数万年に1秒の狂い」や「数百万年に1秒の狂い」といった表現が多く用いられるが、専門的には確度と安定度というふたつの指標がよく用いられる[図2]。この章でも今後この尺度を何度も使うので、理解いただけるとありがたい。まず確度とは、その原子時計の周波数が真の値とどれだけ一致するかを指す尺度である。原子時計の原子に周波数を問いかける際の環境は、理想的な状態と現実とでは大抵異なる。また測定にも正確さの限界があるため、通常はわずかに定義と違う周波数となる。このずれがどれくらいの範囲に収まっているかを表すのが、確度という指標である。

これに対し安定度とは、原子時計の周波数が定義とずれているかどうかには着目せず、どれだけ一定の値であり続けるかを指す尺度である。ある期間の平均周波数と、同じ長さの次の期間で平均周波数がどれだけ違うかを統計的に表す指標としては、アラン分散と、その平方根のアラン偏差がよく用いられる。統計学では、値の揺らぎは分散や標準偏差が用いられるが、値そのものではなく、変化の揺らぎを評価するためにアラン分散などが重要な評価指標となっている。安定度の評価には、変化を測る期間も重要となる。数時間から数秒以下の期間での安定度はしばしば短期安定度と呼ばれ、数日から数十日以上の平均で安定度を評価するときは長期安定度と呼ばれる。

これら周波数の評価指標は比率の形で表すことが多く、さらに簡便に、その比率の差

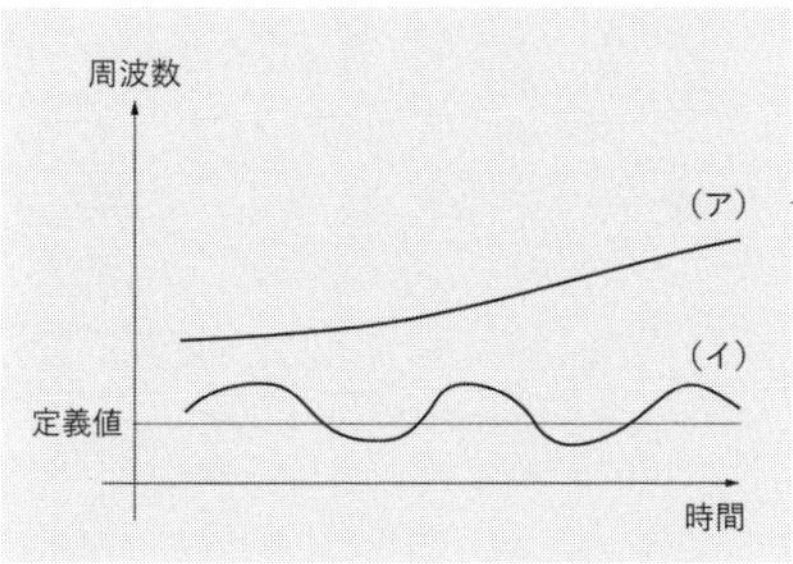

図2

周波数と時間、評価の尺度

(ア)は短期安定度が良く、確度の低い例。周波数の変化は滑らかで、短時間には安定しているが、長期的には定義値から大きくずれる。

(イ)は確度が高く、短期安定度は良くない例。周波数は短期的に大きく変化するが、定義値からはずれにくい。

を桁数で表すことが多い。例えば、秒の定義値の進み方に対して原子時計のずれが1億分の1以内に収まっているのなら、その確度は1億分の1。桁数で言うとマイナス8桁で、これは10のマイナス8乗(10-8)を意味している。1億秒は3年ちょっとに相当するため、確度マイナス8桁とはつまり、狂いが3年に1秒程度ということになる。また、ある原子時計の1日におけるアラン偏差が1億分の1であることが分かると、その原子時計の周波数の変化は、例えば今日と明日の平均周波数とで、およそ1億分の1以内に収まることが期待できる。

紛らわしくなるがもうひとつ加えると、時刻の比較と計測では、単位を秒とする。例えばある瞬間の時刻比較精度が1億分の1秒のとき、電波の基準とのずれを1万秒(約3時間)の時間間隔を置いて2回測定すると、その時刻変化を1万秒で割ることにより、およそ1兆分の1秒程度で、基準に対する周波数の計測と評価ができることになる。

現在の主要な3種類の原子時計

実際の原子時計では、具体的にどう原子へ周波数を問いかけ、答えを得ているのだろうか。以下、現在の主要な3種類の原子時計における動作のエッセンスを説明する。数式は使わず、また専門用語も最小限に留めたが、絞った末に既述の時計遷移のほか、超微細構造、誘導放出、ラムゼー共鳴、光励起などを残した。

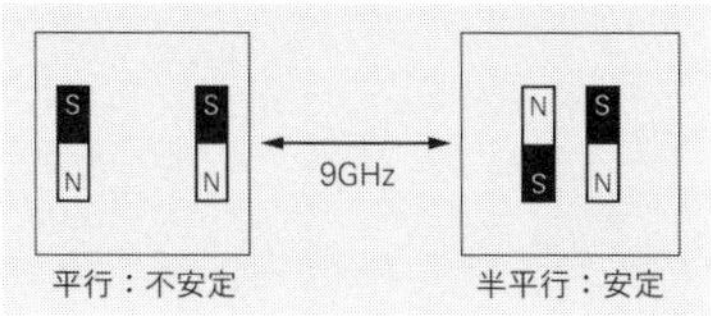

図4
セシウム原子の時計遷移のイメージ。
原子核と電子はそれぞれ小さな磁石であり、
その向きによって安定状態と不安定状態がある。
ふたつの状態のエネルギー差に相当する電波の周波数は
約9GHzある。

● セシウム原子時計

最初に基本例として、現在の秒の定義に用いられ、標準時の維持管理にも重要な役割を果たすセシウム原子時計から見てみよう。なぜセシウム原子が原子時計に向いているのかを考えるにあたり、まずは原子の構造を知る必要がある。一般に原子というのは、原子核の周りを電子が回っているものとして知られ、その電子の数と回り方により性質が分類されている。高校の化学の授業で、周期表を見たことを思い出せるのではないだろうか。セシウム原子は、周期表のI族に属している。これは原子核の周りを殻のように取り巻いている多くの電子から、はみ出した電子I個だけが殻の周りを回っていると捉えられる種族である［図3］。その電子は安定な軌道のものと、エネルギーが高く不安定な軌道を回るものがあると知られている。ただし不安定な軌道にある電子は、エネルギーを放出してすぐに安定な軌道に戻るので、特別なことをしない限り原子はこの安定な状態にあると思っていい。マイクロ波と呼ばれる帯域の電波を用いる原子時計は、セシウムのほか、水素、ルビジウムなど、ほぼすべてI族原子を用いている。

続いてI族原子の時計遷移とはどういうものかを見てみよう。原子を構成する原子核と電子はそれぞれごく小さな磁石の性質を持っている。ふたつの磁石を接近させると、反発してひっくり返ろうとする場合と、ピタッとくっついて落ち着く場合がある。磁石で遊んだことのある人なら覚えているだろう。これは磁極が同じ向き同士は反発し、異なる場合は引きつけ合うためだ。原子でも同じように、原子核と電子は、磁石の関係で反発し合う状態と引きつけ合って落ち着いている状態がある［図4］。このふたつの状態からなるエネルギーの構造が超微細構造と呼ばれるものであり、原子の状態の遷移が多くのマイクロ波原子時計で時計遷移として用いられている。ここでは原子に磁石の関係による強さの変化があるとだけ覚えていただければよいだろう。その遷

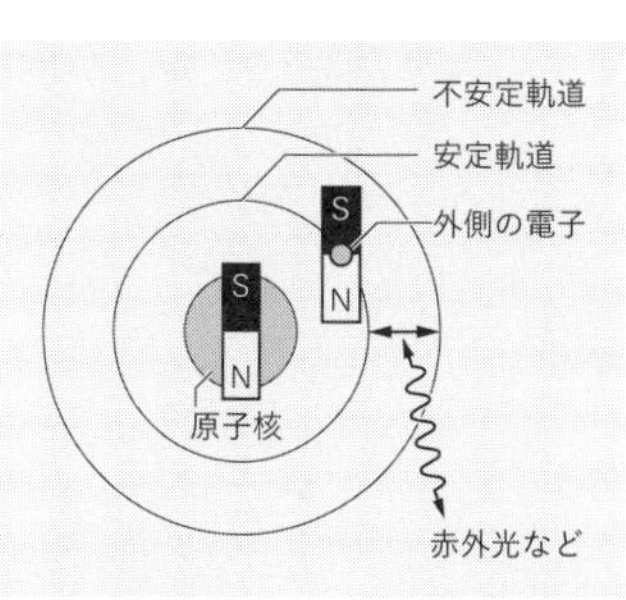

図3
セシウム原子の構造。

移を引き起こす周波数は、セシウムではおよそ9ギガヘルツ。I属原子の中でもセシウムの質量は重く、このため動きがゆっくりとし、高い精度で測定がしやすいなどの利点がある。

I属原子はこの構造において、不安定状態から安定状態へ自然にひっくり返るのに長い時間がかかる。また、正確に周波数が合う電波を使えば、人為的に時計遷移を起こす（誘導する）ことができるものとして知られる。これが原子時計に好適とされる理由である。なおこの人為的な時計遷移は誘導放出と呼ばれるものの一種である。誘導放出によるマイクロ波の増幅はメーザーと呼ばれ、原子時計に大きな役割を果たしている。またマイクロ波ではなく光を誘導放出によって増幅したものが、現在様々なところで活躍しているレーザーである。

安定なものと不安定なものとのエネルギーの差は非常に小さい。セシウムなどのI属原子は、人が生活する通常の温度環境において、安定なものと不安定なものがほぼ半々ずつとなり、また熱の影響や原子同士の衝突などによりかき乱された状態で存在する。この分布をどうにかして片方のみに寄せることが、時計遷移を計測するために重要であり、工夫の鍵となっている。

ここで、セシウム原子時計として最初に開発され、現在も商用品に採用されている「熱ビーム磁気選別型セシウム原子時計」の基本動作を見てみよう。5段階で説明する［図5］。

［ア］セシウム源：まず個体のセシウムを摂氏90度ほどに熱し、細い管から原子ビームとして放出する。このときのセシウム原子の速度は秒速200メートル程度となる。

［イ］磁気選別器：［ア］のビームのセシウム原子を、磁石を利用して安定なものと不安定なものに選別する。これは2種類の原子の磁石としての強さが違うため、磁場の中で異なる方向に曲がる性質を利用している。

［ウ］：［イ］で選別した安定な方に電波を照射する。約9ギガヘルツの周波数を高めたり

図5
熱ビーム磁気選別型セシウム原子時計の動作の図解

低めたりして、セシウム原子に時計遷移の周波数を尋ねる。周波数がぴったり合うと、原子は誘導放出により遷移し、不安定なものになる。

[エ]磁気選別器：[ウ]の原子をもう一度磁気選別器を通して、さらに安定なものと不安定なものに分ける。

[オ]検出器：[エ]で不安定な原子の来る方向にセシウム原子を検出する装置を置く。ここでセシウム原子が多く観測されたら、照射した電波の周波数が時計遷移の周波数に正しく合ったということである。

以上の過程によって、原子に時計遷移の周波数を尋ね、その答えを得ることができる。

次のステップへ移り、振動回数を数える。この作業では照射する電波の周波数を詳細に制御し、時計遷移を起こした原子が検出器で観測される数を最大に保つようにすることが大事になる。その時計遷移を起こし続けている周波数の電波の振動回数を、機械時計で振り子が振れるのを数えるように、積算し、時間を測るという手順になる。

先述した[ウ]の過程について、技術的に重要なことをもうひとつ説明する。時計遷移を正確に起こすため、電波は2回に分けて照射する。量子力学的な干渉効果を用いると、共鳴信号の周波数幅が分けた時間に反比例して狭くなる性質があり、その結果、計測精度が飛躍的に向上するためである。これは発見者のアメリカ人、ラムゼー(Norman F. Ramsey Jr.)の名を取ってラムゼー共鳴と呼ばれる。きちんとした説明はかなり専門的で難解になるが、後述するセ

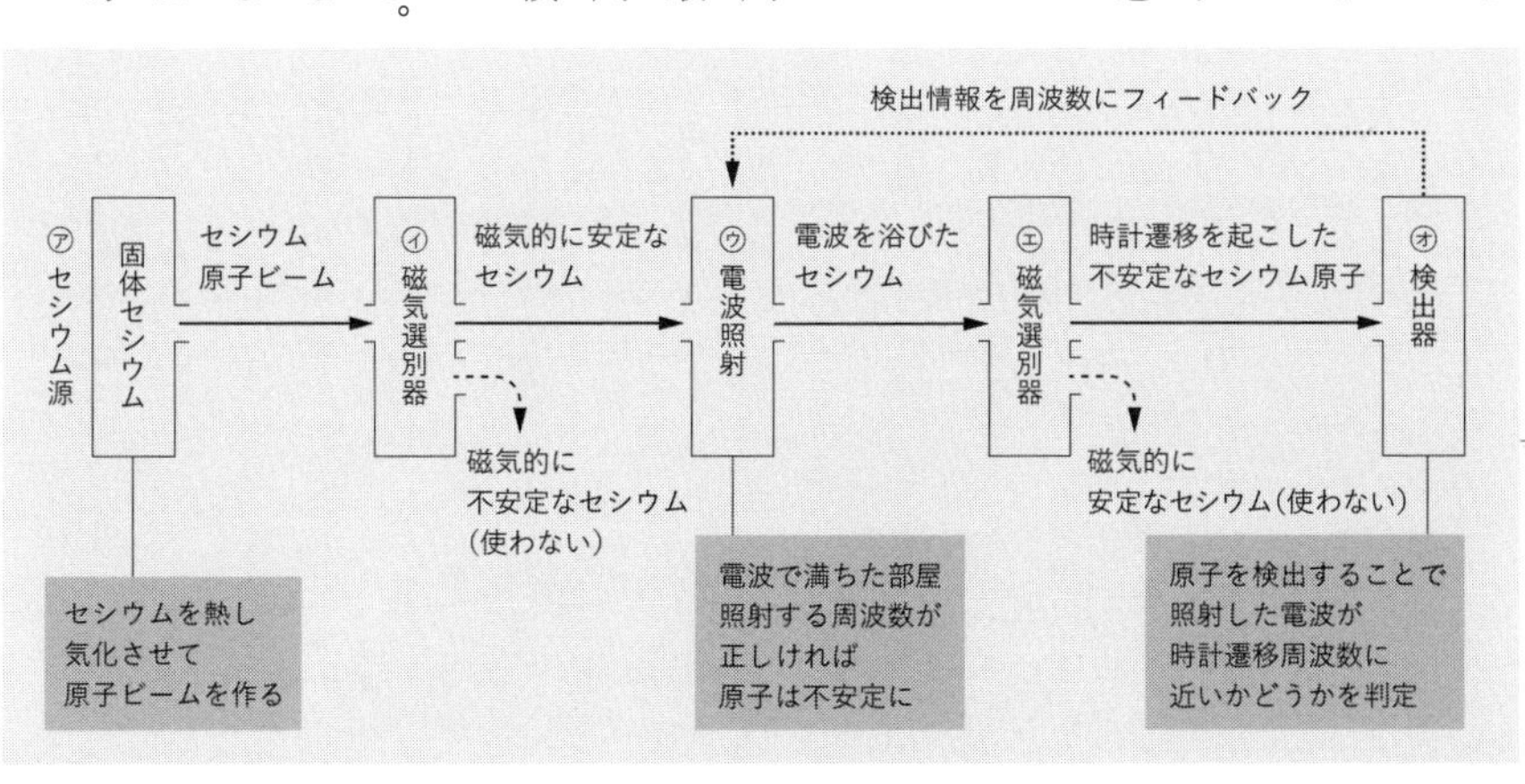

シウム原子時計の性能向上に大きく関わるので、まずはそういう現象があることを覚えてほしい。電波を照射する部分は「ラムゼー共振器」と呼ばれ、U字形をしており、1か所から入力された電波を2か所で同じ原子に照射することで干渉効果によって正確さを高めている[図6]。これが基礎的な原子時計の原理である。

　高性能な商用のセシウム原子時計において、その確度は比率として1兆分の1程度、つまり1兆秒、年に換算して約3万年で1秒狂うくらいのものだ。安定度について言えば、1か月の平均で100兆分の1程度しかずれない程度の長期安定度に優れた性能を持っている。

　なお、「秒の定義」に関してはセシウム原子の超微細構造準位の間の遷移に対応する放射の周期の91億9263万1770倍の継続時間であることが1967年から国際的に定められている(国際原子秒)。この原子については、いくつかの補則がある。セシウム原子の中でも「セシウム133」という安定した同位体を用いることや、絶対零度(＝分子や原子が運動を停止する摂氏マイナス273.15度)のもとで静止した状態を基準とすることなどだ。つまりこの条件からずれた測定を行う原子時計は、不確かになると考えられる。セシウム原子の時計遷移は、温度変化や電場、磁場の影響を受け、また装置の具合や、セシウムの飛ぶ速度などに左右される可能性があるためである。しかし現在の技術では定義通りの条件下での測定は難しい。時や周波数の標準とするには、測定条件の違いによる補正が必須になる。

　そこで、定義を最も正確に実現する装置として「一次周波数標準器」を説明しておきたい。名前の通り定義を自力で実現できる標準器であり、不正確さの要因による影響を逐一評価し、自分自身、さらには他の原子時計も、その評価能力の範囲で定義からのずれを絶対値で評価できる装置である。セシウム一次周波数標準器では、確度は1京分の2程度と、通常の商用セシウム原子時計より数千倍から1万倍ほど高い確度が達成されてい

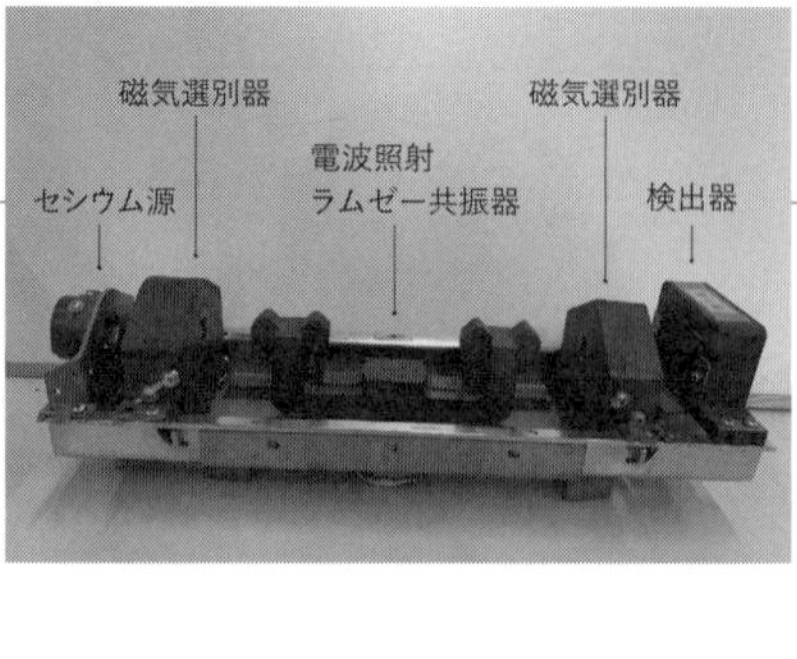

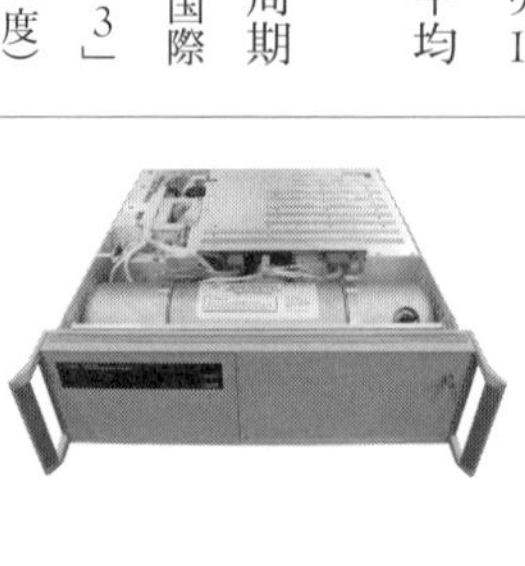

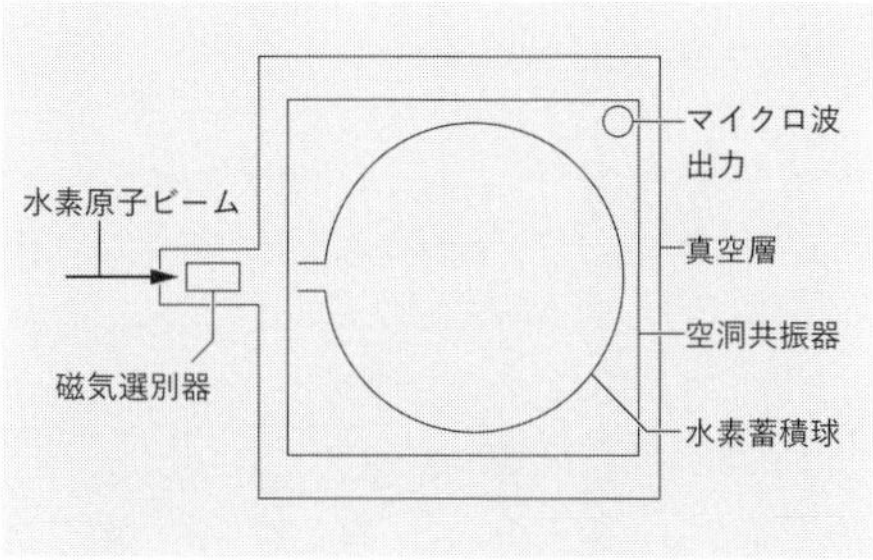

図7

水素メーザー原子時計の構造

る。現在、市販されている商用の原子時計には一次周波数標準器の機能はない。その名に値するのは先端的な標準研究所の、先進性を懸けた取り組みから開発されるもののみである。

● 水素メーザー原子時計

セシウム原子時計は、数日から数十日間程度の測定期間において優れた安定度を発揮するが、それ以下の短期には向かない。対して、数分から数時間、1日程度の期間で非常に高い周波数の安定度を得られるのが、水素原子を用いた「水素メーザー原子時計」である。水素原子にはセシウム原子と同様に原子核と電子の磁石で作られる超微細構造があり、時計遷移の周波数は約1.4ギガヘルツである。

水素メーザー原子時計の基本構造をもとに、動作原理は定性的に以下のように理解できる[図7]。まず細い管を通して水素を放出し、水素の原子ビームをつくる。そのビームの途中に磁気選別器を置き、時計遷移における安定な水素は外へはじき、不安定な水素のみをビームの先にある水素蓄積球へ溜めて、状態分布の偏りを作る。蓄積球の外側は、1.4ギガヘルツの電波をよく反射する空洞共振器で囲う。電波の照射で時計遷移を起こし、正確な周波数の電波を放出するわずかの水素は、空洞共振器で何度も反射されることで強められ、誘導放出により他の水素原子にも効率よく時計遷移を起こさせるようになる。この現象が十分強くなると時計遷移の連鎖が起き、減衰する割合より強い電波の放出が始まる。このとき空洞共振器の内部は時計遷移の電波で満ちており、この電波を外部に出力することで、水素が答えてくれた周波数を知ることができる。つまり不安定な水素を多く送り込み、それが自ら時計遷移周波数の答えを出してくれたなら、それを増幅させる環境を用意して答えを取り出すという仕組みである。通常、蓄積球の中で水素は1秒ほど留まり、これが共鳴の鋭さをもたらすため、熱ビームセシウム原子時計などより遥かに狭い約1

図6

原子時計(商用)の内部に設置されたラムゼー共振器
商用で使われている原子時計の蓋を開けた状態(右)と、
その手前の筒状に見える、本来は真空になっている部分の内部(左)。
電波照射時にラムゼー共鳴を起こさせる
U字形の共振器の両端の間は、距離が約13cmある。

ヘルツの共鳴信号が得られる。このため、数分から数時間で1京分の1近くに達する短期的に高い安定度が得られる。この水素メーザー原子時計の性能は第5章で語られる超長期線電波干渉計や宇宙探査など、様々な精密科学計測において非常に重要な役割を果たしている。しかし、発振周波数自体は蓄積球や空洞共振器の温度、湿度などによって変化するため、確度は得にくいという欠点がある。また、蓄積球や空洞共振器などが大型になり、メーザー発振などの技術も高度なため、商用品はセシウム原子時計の数倍の高価なものになる。

選別された状態の水素から発振される時計遷移信号は空洞共振器で強められ、他の水素の発振を促進し、マイクロ波の強い時計遷移信号が得られる。

●ルビジウムガスセル原子時計

セシウム原子時計や水素メーザー原子時計のような高精度を目指す原子時計に比べ、精度は落ちるがより安価で使いやすいものがある。その代表例が、ルビジウムを使ったガスセル原子時計である。ガスセル型が最初に作られた頃はルビジウム原子で光源が作りやすかったため、単にルビジウム原子時計と呼ばれることも多い。ルビジウムの時計遷移はセシウムや水素と同様、原子核と電子の磁石の向きによるもので、周波数はおよそ6.8ギガヘルツである。

ルビジウムガスセル原子時計では、ルビジウム原子が気体の状態で小さなガラスの容器（セル）に閉じ込められている。そのセルはマイクロ波共振器内に置かれ、光が通過するようになっている。時計としての動作原理は、時計遷移だけではなく、ルビジウム原子の電子の軌道をより高いエネルギーに励起する量子遷移も用いる。これは、光とマイクロ波の二重共鳴と呼ばれるものである［図8］。

ルビジウムガスセル原子時計ではまず、ルビジウム原子をガラスのセルに詰めて光を

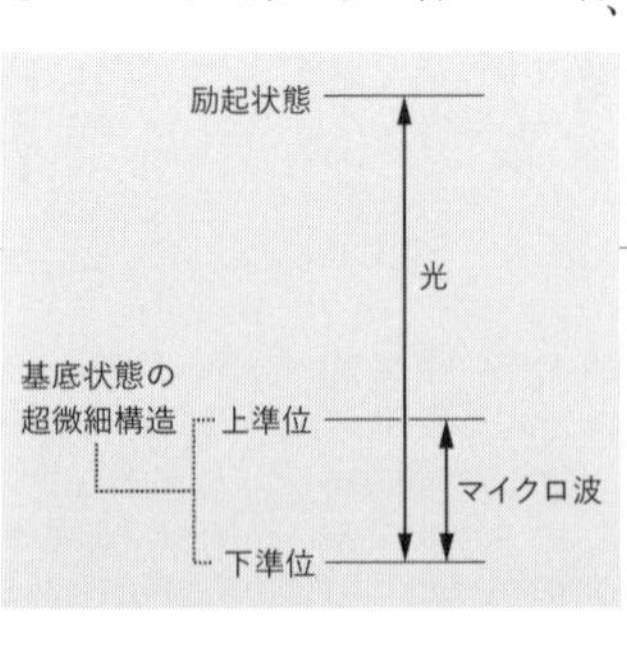

図8
ルビジウム原子には、
非常に正確なマイクロ波のみに反応する
超微細構造の時計遷移と、時計遷移に比べると
かなり幅広い周波数に反応する
励起状態への遷移がある。

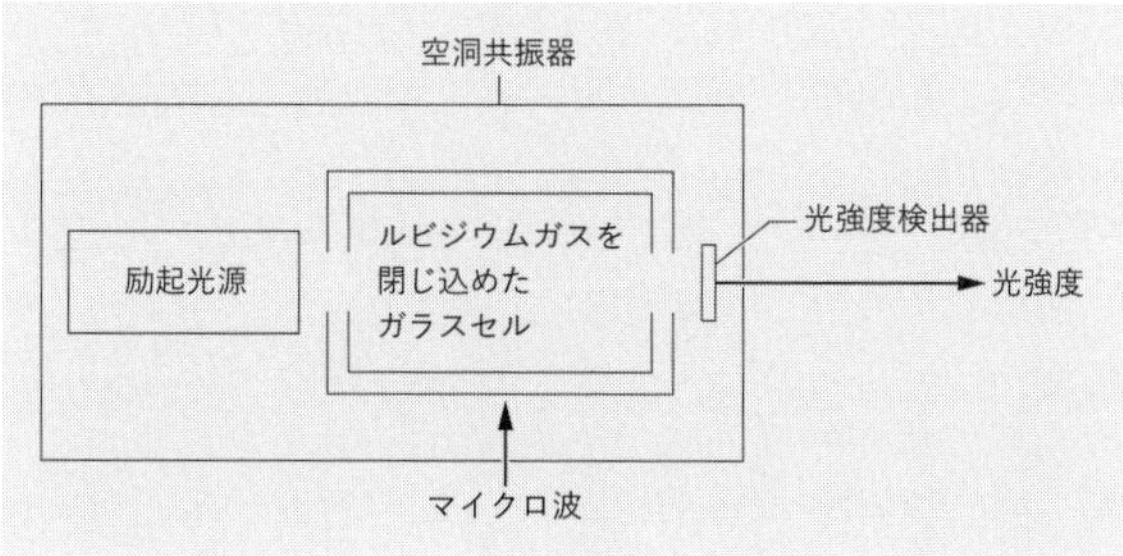

図9
二重共鳴を用いたルビジウムガスセル原子時計
マイクロ波が時計遷移周波数に合うと、
セル内のルビジウム原子が
光を吸収できるようになり、
検出される光強度が弱くなる。

照射し、時計遷移の安定な状態から一気に励起状態にする［図9］。この量子遷移は時計遷移よりはるかに広い周波数の範囲で起こるもので、超微細構造の片方の準位だけを励起状態へ遷移できる程度の周波数の一致があれば、ある程度は周波数の広がりがあってもよい。励起状態にあるルビジウム原子はエネルギーが高く不安定なため、数千万分の1秒程度のごく短時間で光を放出し、時計遷移を構成するふたつの状態にほぼ同じ確率で遷移してしまう。この後、時計遷移の安定な低エネルギーの方に遷移した原子は、光で再び励起状態に遷移するが、不安定な方の状態に遷移した原子は、外から共鳴する電波が当たらない限りはなかなか安定状態へは遷移しない。これを何度も繰り返すことにより、原子は事実上すべてが不安定な時計遷移状態に揃えられ、光を吸収しなくなる。このようにして原子を超微細構造の準位の片方のみに励起させる方法を光励起《ひかりれいき》と呼び、この状態のとき共振器にマイクロ波を入力して、セルに照射する。その周波数が時計遷移の周波数と正確に合うと、原子は誘導放出により下準位に遷移し、再び光を吸収するようになる。つまり、光強度検出器で検出される光は強度がやや弱くなる。ルビジウムガスセル原子時計ではこのように、光の強度変化を観測しながらマイクロ波の周波数を調整することが、原子に時計遷移周波数を尋ねることであり、光の強度が一番弱くなったときの周波数が、原子からの答えである。

　セシウム時計や水素メーザー時計と異なり特別な真空装置が不要なルビジウムガスセル原子時計は、セル内の原子が様々な影響を受けやすいため確度は高くないが、構造が簡単なこと、良い信号が得やすいことなどから、安定度が1000億分の1程度のものが比較的安価に市販されている。一方、高価なものでは安定度が100兆分の1以上、つまり1日に10億分の1秒以下まで高精度化したものもある。これらは重さ3キログラム程度という軽さを活かし、主に宇宙用として開発され、衛星測位のＧＰＳなどに積まれている。

原子時計の歴史

量子物理と基礎技術の発展

時計遷移をはじめ、原子時計は原子の世界の量子効果を用いている。これらを理解し応用するには、20世紀初頭から20数年かけて築かれた量子力学の完成が必要だった。しかしそれですぐに原子時計が開発されたわけではない。よく言われるように、第2次世界大戦においてレーダーなどのために急発展した、マイクロ波帯の電波工学の発展もまた必須であった。量子効果の中でも、先に述べたように超微細構造による時計遷移と誘導放出が原子時計には大きく関わっている。超微細構造の存在は19世紀に発見されていたが、その原理の解明は１９２０年代の量子力学の発展が必要だった。またその発展の中で、誘導放出の理論は１９１７年にアルベルト・アインシュタインによって提唱されている。しかしその後ほぼ30年間、その実際的な応用へは進まなかった。この理由についてはまず、第2次世界大戦期の技術の急進展により実験ができる環境が整ったことが挙げられる。もう一歩踏み込んだ考察を、この分野の第一人者である東京大学名誉教授の霜田光一氏が２０００年の応用物理学会誌で興味深い記事を書いている。氏は、これは科学技術のあり方の変革だったと述べた。その核となる、私にとって印象的だった部分を次に書き出そう。

（前略）そしてエレクトロニクスが多能な実験道具になっただけでなく、自然科学研究の姿勢にも変革をもたらした。それまで、自然科学としての分光学では、原子や分子などの自然現象としての発光や光の吸収・散乱などをありのままに研究しようとしていた。しかし、電波分光学の実験では、人工の発振器を用いて、原子、分子、あるいは原子核を揺り動かしてその応答を測定し、電場や磁場で試料を変調する実験が普通になった。これは工学的概念を取り入れて生まれた新しいタイプの研究だった。（後略）

つまり科学研究もその初期から、自然に働きかける先駆的な研究はいくつかあったのだが、どちらかというと受動的な側面が強く、量子力学など基礎科学と、電波や光に関する工学技術が揃って、初めて能動的な研究の方法が確立されてきたということである。その時代はまた、霜田によると科学と技術が主従の関係ではなく、対等の関係となった時代であるという。その先端となったのが量子エレクトロニクスと呼ばれる分野であり、原子時計の開発もその中に位置づけられる。「原子時計の基本原理は、原子に時計の基準となる周波数を尋ねることだ」と先述したが、この霜田の見解を受け入れると、アインシュタインの誘導放出の理論からメーザーや原子時計の開発の本格化までに要した約30年という期間は「科学と技術が対等の関係になり、人間が積極的に自然に問いかけるまでの必要な成熟期間だった」ということが理解できるように思える。

様々な原子時計の開発

このように時代が熟していく中で、世界で最初の原子時計は、1948年に米国国立標準局において開発されたアンモニア分子の吸収線を用いたものであるとされている。使われたのは分子ではあるが、量子力学的な時計遷移を用いたということで原子時計の一種とされている。これはタイプとしてはガスセル型であり、アンモニア分子に23ギガヘルツで電波を吸収する時計遷移があることを利用したものである。アンモニアを用いた研究はさらにアンモニアメーザー原子時計の開発へと発展した。

セシウムを原子時計に用いるアイディアはさらに古くからあったが、高速の原子を用いた計測は難しく、ようやく開発の可能性が見えたのは1949年にラムゼー共鳴が提案されてからだった。これを最初に実現したのはイギリス国立物理学研究所のチームで、1955年のことである。その正確さ（確度）はおよそ100億分の1程度、1秒狂うのに300年ほどかかるというものだった。

完成したばかりの時点では、セシウム原子の時計遷移の周波数、つまり何回振動すると1秒になるかの正確な値は分かっていなかった。世界で初めてのセシウム原子時計であるために、比較できるものがなかったからである。そのため当初はグリニッジ天文台の標準時との比較が行われ、これによって1秒は91億9263万1830ヘルツであるという値が得られた。ここからさらに高精度な比較を目指して、イギリス国立物理学研究所は米国海軍天文台と協力し、当時、天文学的に定められていた暦表時の標準時と3年間にわたる長期の比較を行った。その結果、1958年に91億9263万1770±20ヘルツという値が得られた。これに基づき、国際度量衡総会（事務局：フランス）で新たな1秒の定義が「セシウム原子の時計遷移を起こす電波が91億9263万1770回振動する時間」と1967年に定められたことは第2章のコラムで述べられた通りである。新たな尺度を定めることは、それが正確なものであればあるほど、これまでの尺度との整合性の取り方や、世界との正確な比較計測において楽なことではない。これは次の秒の定義改定が検討されている現在でも大きな課題となっている。

1940年代後半からは光励起の現象についても研究が進み、それが結実して、1958年にはルビジウムガスセル原子時計が開発された。構造がシンプルかつ軽量であることから実用的な原子時計として開発が進み、10万秒での安定度は20兆分の1ほど、つまり1日あたりの進み方の揺らぎが2億分の1秒程度のものまで作られるようになっている。

1950年代には、イオントラップ（捕獲器）の研究も進んだ。原子から電子をはぎ取って電荷を持たせ、電磁気の力で閉じ込めてその性質を調べるイオントラップは、光の原子時計開発に重要な役割を果たす。また各イオンが量子計算の最小単位、いわば算盤の玉に相当する量子ビットとなり得ることから、量子コンピュータの研究開発においても期待される技術となっている。

1960年には、他方式に比べて短期的な安定度が高い水素メーザー原子時計が、ラムゼーとその同僚によって開発された。

セシウム原子の遷移周波数が新たな秒の定義と定まった1967年以降、セシウム原子時計の発展は大きな意義を持つことになり、一次周波数標準器として確度を高める研究が世界の先端的な研究機関で競われるようになった。初期には先に例示した磁気選別型において、ラムゼー共振器を大きくし、電波照射の時間間隔を長くする方法が採られた。これは例えば、同じ速度のセシウム原子に電波を照射する間隔を10センチメートル程度から1メートルへと10倍に大きくすることで、共鳴信号の周波数幅を10分の1に絞ることができるためである。しかしこの方法だけでは限界があった。

ここにひとつの技術革新が起こった。1980年代にアメリカ、ドイツ、フランスの研究機関で開発が競われた光励起型である。ガスセル型原子時計で用いられたこの方式は、熱ビームのセシウム原子に用いても、従来の磁気選別方式を大きく改善する可能性を持っていた。磁気選別方式では欲しい原子を選び出して他を捨ててしまうのに対し、ルビジウムガスセル原子時計で述べたように、光励起方式は光で原子を操り、すべての原子を意図した状態に揃えることができる。レーザーによる高効率な検出を実現したこの方法により時計遷移に使える原子の比率と検出信号の強度が飛躍的に向上し、正確さは１桁以上向上した。この型の一次周波数標準器は１９９０年代には世界の標準時の高度化に寄与し始めていた。

　これにもうひとつの大きな技術革新が続いた。原子泉型セシウム一次周波数標準器である。このアイディアは、原子の速度が速く、ラムゼー共鳴によって鋭い信号を得ることが難しい熱ビーム方式に対し、原子を噴水のようにゆっくり打ち上げることで、電波を２回照射する時間間隔を稼ごうというものである。例えば手近な物を数十センチ放り上げてみれば、落下までに１秒近くかかるのと同じことだ。セシウム原子をこのようにできれば、電波照射の時間間隔を伸ばし、共鳴周波数の幅を１０００分の１くらいにまで絞ることが可能になる。ただセシウム原子を１秒後に遷移の観測可能な範囲に留めるには、毎秒２００メートルだった原子の速度を毎秒１センチメートル以下にする必要があった。原子泉型セシウム一次周波数標準器のアイディアは１９５０年代に提唱されていたが、当時は原子を十分なだけ低速化することができず、実現には１９７０年代後半から研究が進められたレーザー冷却技術の成熟が必要だった。この方式は１９９０年代半ばにフランスで、そして今世紀に入ってからはアメリカやドイツなどで次々と実現されている。現在では光励起型の確度をさらに１桁以上上回る数千兆分の１、つまり狂うのに数千万年以上に１秒という原子泉型一次周波数標準器が開発されている［図10］。

図10
NICTで稼働中の原子泉型セシウム一次周波数標準器
外的な振動などの影響を排除する台上に原子の打ち上げ装置が設置されている。本体と周波数の制御、計測、レーザーの出力調整装置などは光ファイバーで連結されている。
（画像提供：国立研究開発法人 情報通信研究機構）

原子時計による標準時

国際原子時の構築

専門家のなかではしばしば「標準時を作る」という表現が用いられる。時間は人が作るものではなく、その前から存在しているのではないかと思われるかもしれない。しかし標準時というものはそこに人が作る目盛りであり、また様々なものがありうるという考えからこの言葉が使われている。歴史的に様々な標準時が作られてきたことは、第2章のコラムに書かれている通りだ。ここでは原子時計をもとにした原子時と呼ばれる標準時について具体的に見てみる。

国際的な標準時とは、特別に選ばれたあるひとつの原子時計の時間を指すものではない。1958年の初めから採用された国際原子時では、標準時は国際報時局(国際度量衡局の時間部門の前身)に寄せられる原子時計のデータを平均化する形で決められてきた。データの検証によりそれぞれの時計の正確さが明らかになった1963年には、当時正確さの高かったイギリス、アメリカ、スイスの原子時計を中心に平均を取り直す形で標準時が再計算され、以後、参加する時計の正確さが評価されるようになった。

1960年代半ば、商用セシウム原子時計の性能は、安定度が数日から1か月の運用において100億分の1程度へ達するものになっていた。しかし確度はそれほど高くなかった。1970年代における原子時の問題のひとつに、確度の高くない原子時計が標準時の正確さに影響を与えることがあった。この解決策として、国際報時局でのデータ解析と研究から確度が高いことが示されていたイギリス、アメリカ、カナダの標準機関が開発した時計を一次周波数標準器として用い、平均化で得られた安定度の高い周波数を増減調整（ステア）するとよいということが示された。この研究に基づいて1977年1月から、多数の原子時計の平均より選ばれた一次周波数標準器でステアされた国際原子時が公表されるようになる。先に述べたような一次周波数標準器や多数の原子時計による平均の取り方などは、時代とともに少しずつ改良や修正が行われながら、基本的にこの方法で現在まで引き継がれている。この方式では、世界中の協力機関から送られてくる原子時計と一次周波数標準器のデータを集約後に解析へ移るため、公表されるまでにはしばらく時間がかかる。そのため各国の標準機関は「自国の標準時として今は何時か」という問いに答えられるものをそれぞれで構築している［図11］。この点については「協定世界時とうるう秒」でさらに詳しく述べる。

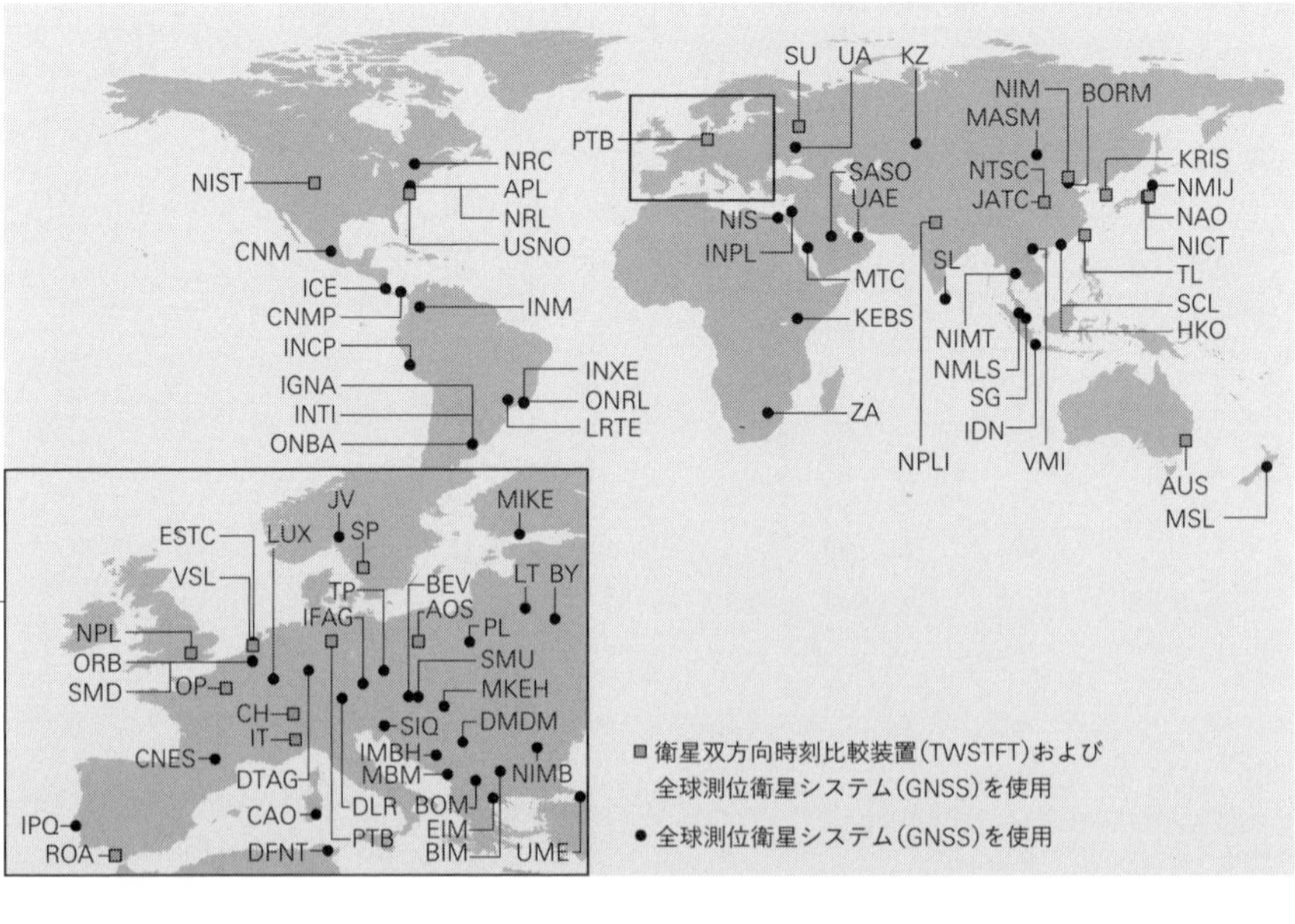

比較方法の発展

先に述べたように、多数の原子時計のデータを用いて時刻の標準を定めようとするには原子時計の時刻差を比較計測することが欠かせない。そして世界中の時計のデータを用いるためには、遠く離れた原子時計との時刻の比較が必要になる。人々の活動が広がった大航海時代から19世紀までは天体の観測結果との比較が用いられていたが、20世紀に入ってからは徐々に通信のための電波が使われるようになってきた。しかしながら全世界で原子時計の性能を十分に活かすような精度の比較はしばらく難しかった。

その頃、人工衛星と宇宙通信は飛躍的な進歩を遂げていた。世界で衛星通信が事業として展開され始めたのは東京オリンピックの衛星中継成功後の1965年からであり、衛星を用いた時刻比較技術は、1970年代半ば頃から活発になった。そのなかでも高精度が期待されたのは、通信衛星を用いた双方向時刻比較であった。この技術では、衛星に原子時計が搭載されていなくても、また衛星軌道が正確に分からなくても、うまく工夫して高い精度の時刻比較を実現することができる。この方法を、地上にあるA局とB局での時刻差の比較を例に取り、ごく簡単な数式と併せて記すので参考にしていただきたい［図12］。A局から発され、衛星を経由してB局で受信された信号がある。ここで測定される時刻差には、衛星を経由した距離や、途中の電離層などのために遅延した時間が含まれている。この遅延分（δと置く）の測定は難しい。ところが、もし同時にB局からの信号をA局でも受信すると、その測定値にも同じδが含まれるため、ふたつの観測値から簡単な引き算でδを消去できる。つまりδが測定できなくても、A局とB局の正確な時刻差が観測できるというわけである。また、衛星上では折り返し通信がされるだけで計測は一切行われない

図11
国際原子時構築のための国際時刻比較参加機関
各国の標準時を扱う機関は、各々が保有する装置による時刻比較結果を基にして、
個々の原子時計の時刻情報を国際度量衡局に報告している
（この図は国際度量衡局作成のデータをもとに
情報通信研究機構 時空標準研究室で編集）。

ので、そこに正確な原子時計も必要ない。

この通信衛星を用いた双方向時刻比較で得られる時刻比較は、１９７０年代までに１億分の１秒ほどの精度を得ていたが、実用的にはしばらく普及しなかった。衛星回線が高価であることや、１対１の通信が基本となっているため多数の機関の同時比較が難しいこと、１９８０年代にＧＰＳなど測位衛星活用が進んだことなどが理由である。しかし１９９０年代に入り、高精度化への要求が高まったことから再度注目され、それまでの課題を克服し、定常的な国際時刻比較にも用いられるようになった。このときの精度は、１００億分の数秒程度まで高まった。

次に測位衛星を用いた時刻比較について、様々な方法があるなかからひとつだけ、「共視法」と呼ばれる基本的なものを紹介しておく。遠く離れたＡ局とＢ局で、測位衛星から放送された信号の時刻比較を同時に行うとする。Ａ局と測位衛星、Ｂ局と測位衛星の距離などによる遅延を補正した上で差を取ることにより、２局間の時刻差を得るものである。測位衛星は原子時計を持っているため、このように正確な衛星の時刻の放送で比較することができた。その精度は１億分の数秒程度であり、これにより１９８０年代半ばから世界中の標準機関の原子時計が十分な精度で比較可能となった。現在ではさらに工夫が加えられ、１００億分の数秒程度の時刻比較が可能になっている。

衛星利用以外では、光ファイバー通信網を用いた時刻比較技術も開発されている。しかしこれは専用の光ファイバーに遅延や揺らぎをキャンセルするシステムを組み込む必要があるため、利用できるところは限られている。例えば欧州や中国などの同一大陸内では、数百キロメートルの距離で１００兆分の１秒レベルという他方式より圧倒的な高精度の時刻比較が実証されてきているが、中継の問題などが克服できておらず、大陸間の利用はまだできていない。

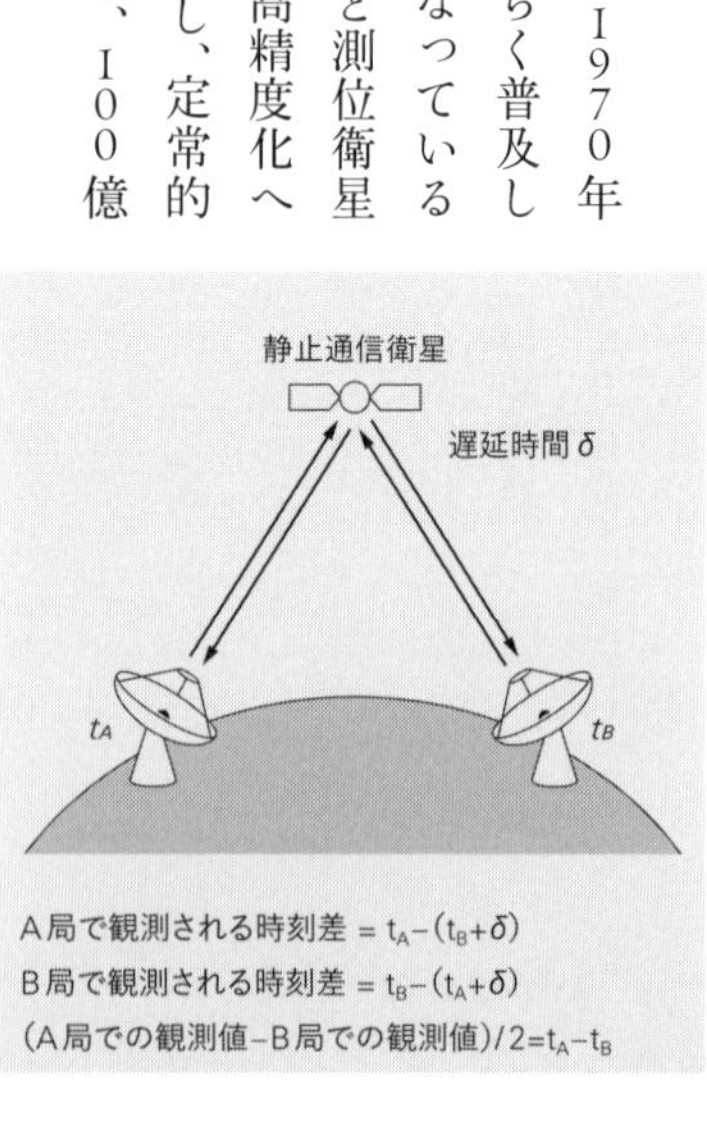

図12
通信衛星を用いた時刻比較
衛星経由でA局の時刻t_AをB局へ、
B局の時刻t_BをA局へ送り合い、時刻を比較する。

協定世界時とうるう秒

「国際原子時の構築」で述べた国際原子時は、1958年に採用されたものの、実は現在まで広く用いられる標準時とはならなかった。我々の生活は、日の出日の入りなど、地球の自転と分かち難く結びついている。そのため原子時計で正確に定められた時間は、変動する地球の自転に基づく世界時とは相性が悪いという大きな問題があったからである。1960年に国際度量衡総会で暦表時による秒の定義が採用された頃から、標準時を地球の自転と結び付けさせることへの要求は大きくなったようである。その翌年の1961年から、実用的には世界時と見られる協定世界時を作る動きが出てきた。当初は暦表時の1秒の長さを毎年少しずつ変えるような操作が行われてきたが、これではせっかくの時間の単位の正確さが損なわれることになる。原子時が定義されたのを機に様々な議論がなされ、現行の協定世界時は1972年から使われるようになった。これは1秒の長さに正確な原子時の定義を使う一方、世界時と原子時のずれが大きくなってきたら、その差が0.9秒を超えないように適宜「うるう秒」を挿入、あるいは削除するようにして世界時に近づける標準時である。これを定めているのは国際電気通信連合(本部:スイス)だ。国際原子時は、各国標準機関が自国の標準時を構築するとともに、そこで用いた原子時計のデータを、国際比較用のデータとして国際度量衡局に提供したものに基づいて作られている。さらに、うるう秒調整の結果得られた整数秒の時間差を加えて定められるのが協定世界時だ。うるう秒については、国際地球回転・基準系事業(本部:フランス)が国際的な天文観測データを取りまとめて世界時と国際原子時の差を観測し続け、定期的に調整が必要かどうかを判定し、結果を公表している。我が国をはじめ多くの国がこの情報を受けてうるう秒調整を行い、それに適切な時差(多くは整数時間差、日本は＋９時間）を加えて自国の標準時としている。各国の標準時はそれぞれ、その瞬間の値を示す実時間のものである。これに対して国際原子時と協定世界時は、１か月ごとに各国から集まる原子時計の比較データを国際度量衡局が解析し、各国標準時が翌月上旬の５日おきにどれだけ協定世界時とずれていたかを公表している。長い場合では40日ほど経ってから各国の標準時の過去のずれを知ることができる。

協定世界時と国際原子時との差は、起点である１９５８年から２０２０年末までの間に37秒の開きがあった。うるう秒調整は地球の自転の不規則性により行われるものであるため、時期に関する長期的な予測は難しいが、平均して２年に１回より少し高い頻度で挿入されている。

日本における原子時計と原子時に関する研究

原子時計の開発史

ここまで世界における原子時計と標準時の研究開発について見てきたが、日本はどうだったのだろうか。以下、限られた資料で偏りがあるが、私の手の届く範囲での記述をお許し願いたい。日本では中核となる国立研究所がふたつあり、いずれも何度かの組織改編を経て現在に至る。ひとつは国立研究開発法人 情報通信研究機構(ＮＩＣＴ)だ。この最前身は、逓信省と文部省の関連研究を統合して設立された、周波数標準を担当する郵政省電波研究所(ＲＲＬ)だ。1988年に通信総合研究所(ＣＲＬ)へ改組され、2004年に通信・放送機構と統合して現在に至る。

もうひとつは、国立研究開発法人 産業技術総合研究所内に設置されている計量標準総合センター(ＮＭＩＪ)である。この最前身は時間の標準を担当する農商務省の中央度量衡検定所である。中央計量検定所などを経て1961年に計量研究所(ＮＲＬＭ)となり、2001年の通産省工業技術院の再編によって産業技術総合研究所計測標準研究部門になり、またその後に改組されて現在へ至る。以下の記述は当時の組織名を用いるが、日本の原子時計の開発ではＲＲＬ→ＣＲＬ→ＮＩＣＴという研究機関と、ＮＲＬＭ→ＮＭＩＪという組織のふたつの流れがあることをご理解いただけると幸いである。

第2次世界大戦後の日本における原子時計関連の開発の状況について、吉村和幸、古賀保喜、大浦宣徳らによる『周波数と時間』(電子情報通信学会、1989年)に記述がある。これによると、アンモニア分子を主とするマイクロ波分光、原子周波数標準器とその広範囲な周辺技術の研究開発は1951年から約10年間にわたり、文部省総合研究として大学、国立研究機関、企業らによって組織的に進められた。その成果としてＲＲＬがアンモニアガスセル型原子時計を1953年から運用開始し、1958年には独自のアンモニアメーザーを開発して運用し始めている。この後も、1964年にＲＲＬは日本初のセシウムを用いたガスセル型原子時計を開発して短期安定度100億分の1を達成。1967年頃には大学、国立研究所と多くの企業でルビジウム原子を用いたガスセル型の国産化を進めている。水素メーザー原子時計に関しては1966年にアメリカとスイスに次ぐ世界3番目の独自開発に成功している。この時点で短期安定度10兆分の1レベルを達成しており、ＲＲＬは日本で初めてＶＬＢＩの研究開発を進めるにあたり大きな力を得た。後にこの水素メーザー原子時計の生産技術は民間に技術移転され、電子計測器メーカーのアンリツでは近年まで商用品が製造された。

セシウム一次周波数標準器の開発を先んじたのは、１９６８年から熱ビーム型の開発を開始したＮＲＬＭである。同型の開発を１９７５年に開始したＲＲＬでは、１９８４年には確度およそ10兆分の１（１秒狂うのに30万年かかる比率）と、当時の世界のトップレベルに並ぶ正確さが達成された。この標準器は「ＲＲＬ-Ｃｓ１」と命名され、それから１９９０年まで国際原子時の確度に貢献している。

光励起型についてはＮＲＬＭが日本で初めて一次周波数標準器の第４号器に採用している。この標準器は「ＮＲＬＭ-４」と命名され、確度およそ36兆分の１を達成するとともに、１９９７年から１９９８年にかけて国際原子時に貢献した。光励起型はその後、ＣＲＬがアメリカの標準技術研究所（ＮＩＳＴ）と約１７０兆分の１の確度を実現する「ＣＲＬ-Ｏ１」を共同開発しており、これは２０００年から２００６年まで国際原子時に貢献している。

原子泉型は、まずＮＭＩＪで開発が進み、２００３年に運用が開始された。国際度量衡局に登録された値によると、その確度はおよそ２５０兆分の１である。続いてＣＲＬでも開発が進み、ＮＩＣＴへの改組後となる２００８年から「ＮＩＣＴ-ＣｓＦ１」と名づけられた５００兆分の１の確度を実現する標準器の運用が始められた。

時刻・周波数比較技術の開発史

日本における時刻と周波数の国際比較技術についての研究開発は、主にＲＲＬ→ＣＲＬ→ＮＩＣＴ

においてなされてきた。1965年に人工衛星を利用した時刻比較が行われ、アメリカの「リレー2号衛星」を用いた実験で1千万分の1秒レベルの精度を達成している。衛星双方向時刻比較技術の開発が進んだのは1970年代である。RRLは1974年に大陸間では世界で先駆けとなるアメリカ海軍天文台との衛星双方向時刻比較実験をアメリカの「ATS-1衛星」を用いて行い、1億分の1秒レベルの時刻比較精度を達成するとともに、相対論効果のひとつである「サニャック効果」の検出を世界で初めて成功させたことでも注目を浴びた。日本の衛星ではその後、原子時計を搭載した技術試験衛星Ⅷ型（きく8号）や準天頂衛星、あるいはひまわり衛星などの静止気象衛星などでも様々な時刻比較実験が進められた。

原子時計を搭載した測位衛星の技術開発が世界で本格的に進んだのは1970年代後半からである。中でもアメリカのGPSは1980年代半ばから世界的な利用が進められた。RRLでは1984年に国産の時刻比較用GPS受信機を開発。これを用いることで定常的に1億分の1秒レベルの国際時刻比較が可能になるとともに、国際原子時と日本の標準時との精密な比較や、日本の原子時計が国際原子時に貢献することも可能になった。

全世界的な測位衛星の運用は現在、アメリカのほか欧州やロシア、中国が行っており、日本も日々、数十億分の1秒の精度で世界中の機関との時刻比較を行っている。

衛星双方向技術ではNICTが近年、信号となる電波の位相までを計測する新たな技術を世界に先駆けて開発し、数兆分の1秒の大陸間時刻比較を実証している。またVLBI技術を用いて、測位衛星利用を上回る数百億分の1秒の時刻比較が可能なことも実証された。光ファイバーを用いた時刻比較も進められている。これは2000年代前半にまずNMIJで、その後NICTでも開発が進んでおり、東京大学との時刻比較実験などで活用されている。

日本における標準時システムの開発

各国の標準時は、その国の標準機関によって独自に作り上げられていることを述べた。ここからは日本の標準時がどのように作られてきたのかを見てみよう。

周波数国家標準の標準電波を発射するＲＲＬにおいて、１９６０年から周波数校正に用いられたのは自ら開発したアンモニアメーザーで、これが日本で最初に使われた原子標準器であった。１９５６年にアメリカで販売された世界初の商用セシウム原子時計「アトミクロン」が日本で最初に購入されたのは１９６２年であり、これ以降、日本にも徐々に原子時計が増えていく。１９７２年の新たな協定世界時の導入を機に、日本では協定世界時＋９時間の通称「日本標準時（ＪＳＴ）」を生成、維持供給するようになる。この役割を担ったＲＲＬでは当初、所有する原子時計のなかから１台だけ主時計を選び、この時計が示す時刻を日本標準時としていた。しかし１９７８年からは加重平均を取る独自の方法で計算上の「合成原子時」を作り始め、さらにこの計算上の時刻に１億分の１秒以内の精密さで実在の原子時計の信号を調節して同期させる「実時間合成原子時」の方式を確立したことから、１９８７年７月１日より、日本標準時は主時計方式から「実時間合成原子時」方式へと切り替わった。この方式の概要は、次のようなものである。まず多数の商用原子時計を用意し、時刻差を毎秒計測する。そのデータから重み付け平均を取り、それまでに得られている協定世界時との時刻差なども考慮して、安定した仮想的な時計を計算機上で作る。この仮想時計と高精度に同期させる実際の時刻信号を得るために、１台の原子時計を選び、その出力を周波数調整装置によって制御する。このようにして得られるのが実時間合成原子時である。

現在ＮＩＣＴで日本標準時の維持管理のために運用されているのは、２００２年から検討と開発

図13
2006年から運用されているNICTの日本標準時システム
時間差計測装置や周波数調整装置が設置された一角。
（画像提供：国立研究開発法人 情報通信研究機構）

が進められ、2006年から実働開始したシステムである［図13］。長期安定度の高い仮想時計を計算するのには、18台以上の商用セシウム原子時計が使われている。実時間信号の元に用いるのは短期安定度に優れた水素メーザー原子時計4台で、周波数調整は入力周波数に対する出力周波数をおよそ1000京分の1単位で調整できる装置で行う。これまで原子時計の計測精度を大幅に向上させてきただけでなく、冗長度、つまり誤差のチェック体制を三重化にし、システム各部の監視機能を強化させるなど、信頼性も大きく向上させてきた。

日本標準時は現在、NICTより標準電波、インターネット、電話回線などを介して広く一般に供給されている。標準電波は1940年に逓信省から周波数4～13メガヘルツで発射され、以降しばらくは短波帯が用いられてきたが2001年に廃止された。これに代わって1999年から日本の2か所（福島県内にある「おおたかどや山標準電波送信所」と、佐賀県・福岡県の県境にある「はがね山標準電波送信所」［図14］）からそれぞれ40キロヘルツ、60キロヘルツのより正確な長波で送信されるようになった。また、それを受信できる電波時計用の時刻コードも重畳されるようになった。インターネットによる供給はNTP（ネットワークタイムプロトコル）により行っている。NICTでは2006年6月より一般向けのサービスを開始。当初、独自開発した高速サーバーにより、毎秒100万回の時刻リクエスト（1日あたり864億回）に対応する能力を有していた。2020年時点では、複数台のサーバーを稼働させ、合計で毎日数十億リクエストに対して時刻を安定に供給し続けている。電話回線を用いた供給は「テレホンJJY」と名付けられ、通信、放送、交通機関などで幅広く利用されている。2020年からは、より高速・安定な供給を目指して光電話回線を利用した「光テレホンJJY」の名称で新たなサービスが始まった。

図14
はがね山標準電波送信所の全景
標高約900mの羽金山山頂付近に位置し、
60kHzの長波を送信する、200mの高さのアンテナを備える。
（画像提供：国立研究開発法人 情報通信研究機構）

新たな潮流

１９５０年頃から進化し続けてきた原子時計の開発は近年、ふたつの領域で大きな変革が起きている。光の周波数帯での原子時計と、超小型原子時計である。最後にそれらについて述べる。

●光周波数標準器

時計遷移を起こす方法として、１族原子に電波の周波数帯を当てるということ以外にも、１９５０年代に開発されたイオン捕獲器にイオン化した原子を１個だけ閉じ込めて、光の周波数帯を当てる方法がある。これを用いた「単一イオン光時計」が開発可能なことは１９８０年代から知られており、実現すれば確度１００京分の１レベルという従来の原子時計を上回る正確さが期待されていた。ただその当時は、技術的に大きな壁がいくつか存在していた。イオン化した原子を１個だけ閉じ込める方法や、それをレーザー冷却すること、周波数を問いかけるための高性能のレーザーの開発、そして何より光の周波数を測定することだ。正確な周波数を発振できる既存の原子時計を使えば簡単だろうと思われるかもしれない。しかしセシウムに使う電波と光では、同じ電磁波でも周波数が５桁、つまり10万倍ほど違うのである。この状況をたとえるなら、30センチのモノサシだけを使って、正確さを損なわずに10キロメートルの長さを測るようなものだ。日本のＮＲＬＭを含む世界のいくつかの研究所がこの難問に挑み、基準の周波数からより高い周波数の基準を作り出すことを10段階ほど繰り返してこの10万倍の壁を越えた。しかしその各段階で正確さの劣化は避けられず、最初に１０００兆分の１のレベルだった正確さは、10万倍の壁を越える頃には１兆分の１程度にまで下がってしまうことになった。

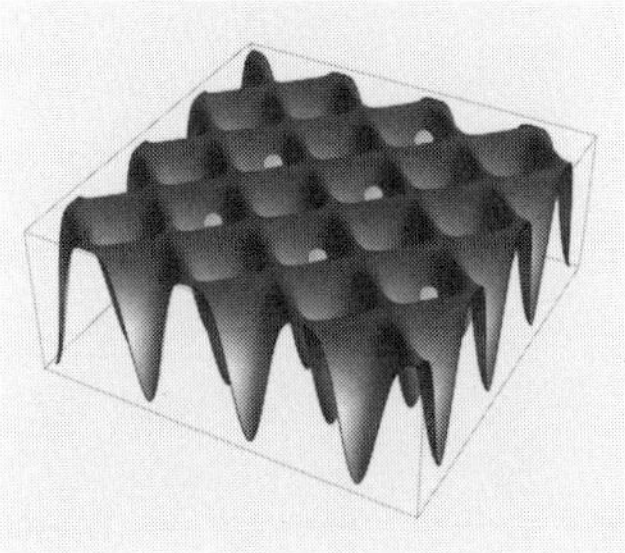

図15
光格子による原子の閉じ込めの概念図
魔法波長の光の定在波で卵パック状の閉じ込めポテンシャルが形成され、
その所々に原子を閉じ込めて測定する。
（画像提供：国立研究開発法人 情報通信研究機構）

ところが１９９９年から２０００年にかけて、急速な研究の進展でこの壁が崩された。光の信号に、電波の周波数の間隔で原子時計の精度そのままの目盛りを刻むという革新的なアイディアが見いだされ、これに基づく技術により光の周波数が原子時計の精度を損なうことなく測定できるようになったのだ。この技術は光周波数コムと呼ばれ、ドイツとアメリカのふたつのチームで競うように開発が進められた。両チームのリーダー２名は、技術が確立してからわずか５年後の２００５年にノーベル物理学賞を受賞するという高い評価を受けている。

大きな壁が取り払われたことによって光の原子時計は注目され、開発に本気で取り組む組織が多くなった。そんななか、さらにその流れを強める優れたアイディアが２００１年に日本から提案された。当時、東京大学大学院助教授だった香取秀俊による「光格子《ひかりこうし》時計」である。それまで光は局所的に強い性質があり、波長の短い光の力で中性の原子を閉じ込めても時計遷移の周波数が大きく狂うため時計には使えないと考えることが常識だった。これに対し香取は「魔法波長」というものを見いだし、その波長の光で主に周期表Ⅱ族の原子を閉じ込める場合には時計遷移の周波数が変化しないことを示した［図15］。また魔法波長の制御の精度は、求める時計遷移周波数の精度よりずっと緩く、例えば１京分の１の正確さを求めるにはその平方根、１億分の１程度の制御精度でよいことも発見した。中性の原子が使えるならば、電気的な反発がないので多数の原子を一度に使うことが可能となり、信号の強度を上げ、計測時間を一気に短縮することができるようになる。この発見から徐々に世界中で光格子時計の開発競争が始まったが、２００４年、最初に成功させたのは提案者の香取自身だった。その後フランスやアメリカなどでは開発が、日本ではＮＩＣＴとＮＭＩＪそれぞれでは開発と運用が進んでいる。原子泉型セシウム一次周波数標準器と並ぶ性能であることから、国際原子時の正確さに貢献するという点において、ＮＩＣＴは特にフランスの標準機関

（SYRTE）と並んで一歩先駆けた運用を始めている［図16］。

一方「単一イオン光時計」も技術革新と改良が進んでいる。現在「光格子時計」「単一イオン光時計」の両者とも最高時の正確さはセシウム原子時計を遥かに超え、100京分の1レベルに近付きつつある。国際的にはセシウム原子周波数標準器に代わって光周波数標準器で秒の定義をし直すための議論が国際度量衡委員会（事務局：フランス）で2000年頃から始められており、新たな秒の定義は早ければ2020年代に定まるのではないかと期待されている。

● 超小型原子時計

原子時計は小型化することで、活用の道が広がる期待は広くあったと思われる。ガラス容器に原子を閉じ込めて真空装置を不要としたガスセル型原子時計は、手のひらサイズのものまで作られていた。しかし、それ以上の小型化には壁があった。原子に時計遷移の周波数を問いかけるためには電波を閉じ込めて共振させる装置が必要であり、その装置は周波数の波長より大きくならざるを得なかった。時計遷移の波長はセシウム原子で約3センチ、ルビジウム原子で約4センチ、水素原子で約20センチである。最低限でもそれ以上のサイズの共振器が内部になければならなかった。

しかし、2000年にアメリカの標準技術研究所（NIST）が、電波ではなく電波の周波数の差があるレーザーを使えば二重共鳴と同様に光で原子を励起する効果（専門家の間では区別されてCPTと呼ばれている）が起こせることと、この方法を使えば共振器のサイズに縛られない小型原子時計が作れる可能性を示した。彼らはさらに、電源などを別とした時計遷移を観測する部分のみであれば、指の先くらいの1立方センチメートル程度の大きさにできることを2001年に実証。

図16
NICTの光格子時計の全景
写真左側に丸く見えるのはレーザー光で真空槽の窓が輝いている部分。
ここで光格子に捕獲した原子にレーザー光を照射し、
原子が吸収するようにその光の周波数を調整する。
（画像提供：国立研究開発法人 情報通信研究機構）

これを受けて様々な組織が国の開発支援を受け、研究開発が進められるようになった。そして２０１１年にはシンメトリコム社（現マイクロチップ社）より、長さ40ミリメートル×幅35ミリメートル、厚さ12ミリメートルの大きさで安定度１００億分の１レベルを実現する原子時計の発信器の販売が開始された。しかしその消費電力は小型電池で動かせるまでに低減されておらず、さらに小型化を求めた研究が続いている。

我が国では２００６年の初めに世界中の主だった研究者を集めた国際会議がＮＩＣＴで開催されており、これを契機にいくつかの大学、企業などで研究が進められるようになったが、思わしい進捗はなかった。最近になって、ＮＩＣＴが２０１８年１月に、ＮＭＩＪが２０１９年２月と２０２０年３月に関連成果をプレス発表している。前者は世界最小レベルとなる超小型原子時計用のマイクロ波発振器の開発［図17］、後者は低電力化や長期の性能向上に関する内容だ。世界的に競争されている分野であるが、さらなる小型化、高性能化や応用について、日本発の開発成果が期待される。

超高精度な時計、総括と展望

本章で見てきたように、原子時計の発展は、これまでに想像もできなかったような時計の正確さをもたらしてきた。15桁を超え、18桁にまで届こうとする、まさに従来とは桁違いな正確さは日常とはかけ離れており「社会生活とは無縁、無用ではないか」ということもよく言われる。確かにそのような精度はまず最先端の基礎研究で求められ、活用されることがほとんどである。しか

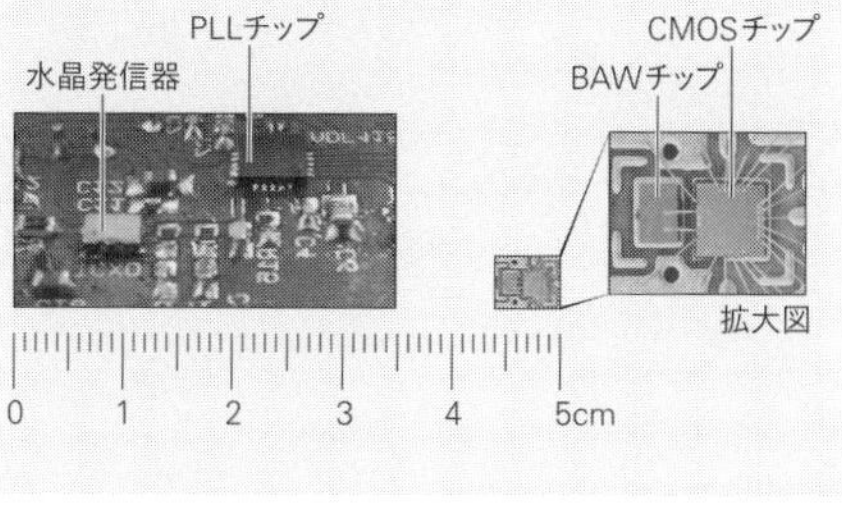

図17
従来のマイクロ波発振器（左）と、2018年にNICTが発表した超小型原子時計のマイクロ波発振器（右）。圧電薄膜の技術により、従来品の面積より100分の１程度の小型化を達成。
（画像提供：国立研究開発法人 情報通信研究機構）

しそれによって自然界への理解が深まり、得られた知見がまた社会生活を変えていくこともある。1日に1億分の1秒、という13桁の精度を超えたおかげで、第5章で詳述されるような宇宙を見る目（VLBI）ができたとともに、現在の社会生活で欠かせないカーナビなどの技術も開発され普及した。このようなとき、最先端の研究開発競争をする力を持っていなかったならば、その次のステップに進む競争へ加わりにくくなることもある。

世界で最も高い精度を有する時間、そして周波数の標準を作り計測する技術は、社会生活の揺るぎない基盤を構築する役割とともに、現在見えていない現象を見る目を開発し未知の世界を切り拓くという役割をも担い続けると信じ、その発展に期待する。

本章の執筆では多数の資料提供などでNICT時空標準研究室の皆様に協力いただいた。また、花土ゆう子氏には標準時関係の記述などに助言いただいた。皆様に感謝する。

コラム 7 佐分利義和——サニャック効果の検出で時刻比較の精度向上に貢献

相対性理論によると、光の速度は、回転を含めた加速度運動をしていない座標において方向によらず一定となる。ところが回転している座標から光を見ると、回転に対して順方向になるときと逆方向になるときでは速さが異なるように観測される。

発見者の名を冠して「サニャック効果」と呼ばれるこの効果は、航空機、宇宙機で物体の回転を検出する装置（ジャイロ）などに広く応用されている。

地球規模で時刻比較を行う際、地球は自転しているために、サニャック効果により東回りと西回りで光や電波の伝播速度は異なってしまう。この効果は信号の経路が回転の中心より遠くを通れば通るほど大きくなるため、人工衛星を用いた時刻比較での影響が100ナノ秒（＝1秒の1000万分の1）をはるかに超えることもしば

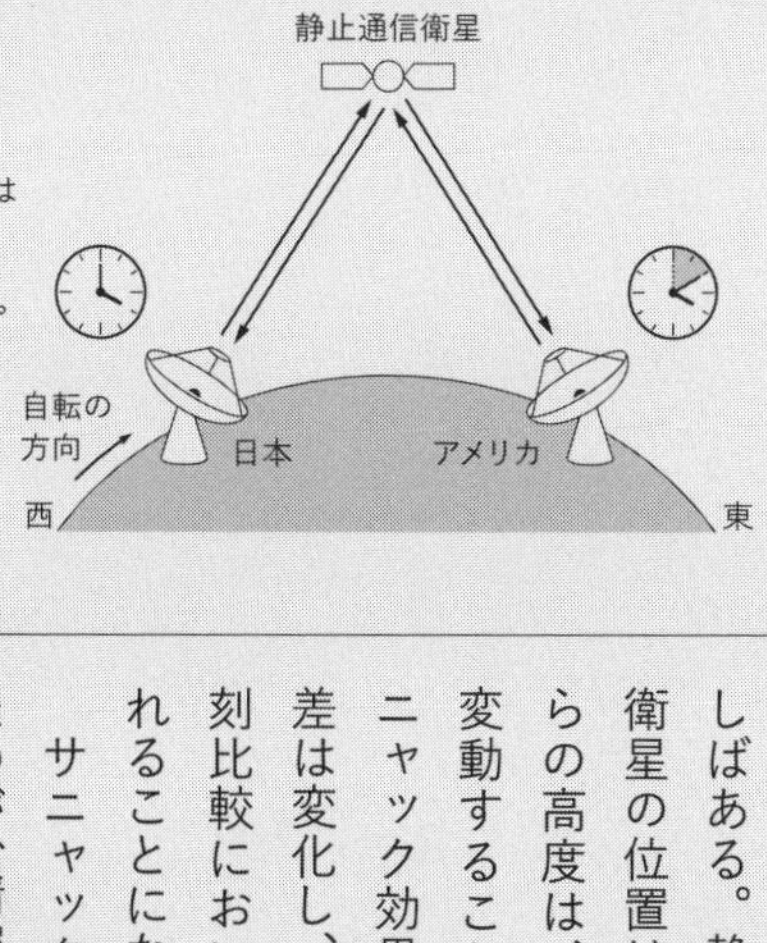

回転している地球表面から見ると
東向きの電波信号の速度は遅く、
西向きの信号の速度は速く見える。
佐分利義和を中心とする電波研究所のチームは
1974年にこのサニャック効果を初観測し、
世界の時刻比較の大幅な精度向上に貢献した。

しばある。静止衛星を用いて時刻比較をする際、衛星の位置は1日周期で変化する。特に地球からの高度は、100キロメートル程度周期的に変動することが多い。この高度変化により、サニャック効果による東回りと西回りの伝播時間差は変化し、比較する時計が正確だとしても、時刻比較において見かけの時刻差の変化が観測されることになる。

サニャック効果による時刻差の変動を検出したのが、精密衛星とともに衛星の運動も解析した衛星時刻比較である。これを世界で初めて成功させたのは、日米間で初めて衛星双方向時刻比較を行った佐分利《さぶり》義和を中心とする電波研究所のチームだった。佐分利は1940年代末から1980年代半ばまで、電波研究所で原子時計の開発など時刻周波数標準の様々な研究を推進した、我が国での草分け的な研究者である。

第5章

天文学と時間学から俯瞰する「時」

藤沢健太

ここまでは時計の歴史についてみてきた。最後に、少し広い視点で「時」について考えてみよう。そもそも時は天文学によってもたらされたものである。逆に高精度な原子時計によって生み出された宇宙の研究もある。また、時は自然現象だけでなく、人間の活動のあらゆる場面に現れる。それは文学や社会の在り方、人間の生活や医療にも関わっている。こう考えると、時計で計る時間だけではない、多様な時間の姿が見えてくる。様々な視点で時間を研究する学問が「時間学」という新しい学問である。本書を締めくくるにあたり、天文学と時間学の側面から見る「時」を紹介しよう。

天文学がもたらした時間

時間の出発点は古代の天文学

「明けない夜はない」と言われるように、太陽の運行は確実に繰り返され、またあらゆる人にとって平等に与えられる現象である。北半球で観察すると、太陽は毎日東から昇って真南を通り、西に沈む。昼間は日照があって風景がよく見えるので活動に適しているが、夜は暗いので照明がない場所では人間の活動は困難であり、休息と睡眠の時間となる。この繰り返しを数えることから、人間は時間を使い始めたといってよい。

太陽の日周運動は、地球の自転によって生じる。1日に1回転する地球上にいる人には太陽が1日で天球を1周するように見えるわけである。また1年の周期で太陽の南中高度（太陽が真南に来たときの地平線からの角度）は変化する。夏では南中高度が高くて日照時間が長く、また日射量も多い。その結果気温が上昇する。冬はその逆となる。この変化によって気象状態、そして動植物の行動と成長にも１年の周期で変化が生じる。このような変化が起きるのは、地球の自転軸が約23度傾いた状態で、１年かけて太陽の周りを公転するからである。

１月《つき》という時間は、もとは月の動きによって作られたものである。月が動き、満ち欠けするのは、月が地球の周囲を公転運動しているからである。夜空を照らす月明かりがあれば、照明のない夜中でも人は行動できる。また、約30日の周期で月の形が満ち欠けを繰り返しつつ天球上の位置を変えていく様子は、昔の人々にとって時間の経過を認識する手がかりとなっていた。夜間照明に慣れきって夜空を見上げることがなくなった現代人には想像できないほど、昔の人々にとって月の運行は重要な意味を持っていたのである。

照明と冷暖房によって自然の環境から離れて暮らすようになった現代人の私たちは、宇宙の現象と日常の生活に関連があることを、ほとんど忘れかかっているように思える。しかし、１日、１月、１年という時間の単位は、地球の自転と公転、そして月の公転という天文学的な周期現象によって生じているので、これらの時間を使う現代の私たちも、宇宙の現象に基づいて生活しているのである。

自然のリズムと暦の構築

第１章で詳しく説明されているように、１日、１月、１年という３つの宇宙の周期的現象に基づいて、日々を規則的に区分して利用に便利な形で表したものが暦である。暦を作る上で重要なことは、自然の現象にみられるリズム、つまり季節と暦ができるだけずれないことである。とりわけこれは定住して農耕を行う人々にとって重要である。人々が暦に基づいて農業を行う社会では、暦と季節がずれていると農作物の成長がうまくいかず、収穫量が低下して生活が危機になる可能性がある。

古代エジプトの暦を例にとってみよう。古代エジプト文明はナイル川流域で発達した。ナイル川の水とナイル川が運んでくる豊かな土壌を用いた農業が基盤となった文明である。さて、ナイル川は毎年、決まった季節に増水して洪水を起こし、耕作地を水没させていた。これは、ナイル川上流では雨季になると多量の雨が降ることによる。したがって古代エジプト民にとって、洪水の時期を予測することは大変重要な意味を持っていた。そしてその予測は、星と太陽の動きを観察することで成し遂げられた。シリウス（おおいぬ座の1等星）が夜明け前に昇る時期になると洪水が起きる、ということが分かったのである。こうして夜空の星の位置、太陽の動きが詳しく観察され、1年は３６５日と4分の1日という日数が知られ、それをもとにした暦が今から４０００年以上という昔に作られたのである。これはまさに天文学の研究だ。最も古い学問のひとつである天文学は、生活に必要とされて始まったのである。

暦には季節という自然の現象を正しく表すことが必要とされる。ところがここに難しさがある。暦の基本単位は1日であり、1日を単位として数えると、1年は365.2422…日という中途半端な数であり、0.2422…日という端数がある（上記のエジプト暦の通りおよそ4分の1日だが、厳密には4分の1日より少し短い）。同様に1月は29.5306…日である。また、1月を単位にして1年を数えると12.37…月ということになる。もし1年を365日としてしまうと、およそ4年で1日、１００年で24日ほど、季節と暦がずれることになる。そうならないように、これらの端数を正確に知るための長年にわたる観察と記録が行われ、また様々に工夫した暦の規則が考案された。古代から現代にいたるまで、世界各地で実に多様な暦が作られている。

日本の暦

第1章と第2章で説明した明治の改暦をもう一度振り返ってみよう。日本では明治5年まで日本独自の暦が使われていた。昔は中国から輸入した暦をそのまま使っていたが、江戸時代初期以降には渋川春海ほか日本の暦学者が独自の改良を加えたものが使われた。今では旧暦と呼ばれるこの暦は、太陽と月（太陰ともいう）の両方の運行に合わせた太陽太陰暦と呼ばれる種類の暦である。天体の月の運行に基づいて暦の月が定められているので、毎月の始まりでは天体の月は新月であり、15日には満月になる。今でも満月を表す十五夜という言葉が使われるのは、旧暦を用いていた名残である。

明治5年、明治政府は西洋制度の導入の一環として、旧暦の12月3日を明治6年1月1日とし、旧暦を廃止して西洋の暦を採用した。これが現在私たちの使っている新暦、正確にはグレゴリオ暦と呼ばれるものである。グレゴリオ暦は太陽暦で太陽の運行だけが使われており、月の運行は考慮されていない。1月、2月、という呼び名は天体の月の運行に関係のない、規則上の区切りである。

グレゴリオ暦では閏年を設定して季節と暦の調整を行っている。その規則は、①西暦年が4で割り切れる年は閏年として1年を366日にし、余分な1日は2月の末日（2月29日）に設定する、というものである。ここまではよく知られているが、実はさらに次のふたつの規則がある。②西暦年が100で割り切れる年は閏年にせず平年とする（③の例外を除く）。③西暦年が400で割り切れる年は閏年とする。西暦2000年は③の規則が適用された400年に1回の珍しい閏年だった。これら3つの規則によって400年のうち97年が閏年となり、暦の上の1年の長さは365.2425日となる。季節と暦のずれは1年間にわずか26秒であり、約3000年経ってようやく1日ずれるという正確さである。グレゴリオ暦は大変よくできた暦といえる。

一方、日本では西洋の暦を取り入れ、そこに旧暦のイベントを無理に組み込んだため、ひずみが生じている部分もある。例えば、1月1日を祝う言葉に新春があるが、むしろ季節は1月1日以降さらに寒くなり、春の到来という感じは乏しい。旧暦の1月1日は新暦の1月下旬頃にあたる。この頃は最も寒い季節で、これから春を迎えるという新春の意味に合っていた。また星空のお祭りである七夕は7月7日であるが、日本では梅雨の時期で星空の観察にはあまり適さない。旧暦の7月7日は新暦では梅雨が明けた8月上旬頃である。中国および中国文化の影響を受けた東アジアの多くの国では、現在でも旧暦が生活のイベントに使われている。グレゴリオ暦の1月1日よりも1月下旬の春節を祝うのがその代表例である。近年、日本でも、伝統的七夕として旧暦の七夕を見直す動きがみられる。

揺らぐ地球時計

暦は長い時間を表し、社会を構成する人たちの共通の基盤となってきた。一方、短い時間の区分の重要性は、現代になって急激に増加している。1分や1秒といった短い時間の長さも、1日という時間から作られる。地球が太陽を公転することによるわずかな補正はあるが、1日は基本的に地球の自転の周期である。したがって地球を1日で1回転する巨大な時計、すなわち地球時計と呼ぶことができる。第2章のコラムにあるように、地球時計によって指示される時間のことを学術的には世界時と呼ぶ。必ず日は昇るという安心感と正確さがあり、また誰にとっても公平で共通な太陽の動きによっており、また私たちの生活に密着した時間をもたらす地球時計は、実に素晴らしいものである。今でも我々は、地球の自転に沿った時間によって生活している。

ところが、正確無比と考えられた地球時計が、わずかではあるものの揺らぎ、また次第に遅くなっていることが、20世紀半ばに発見された。この揺らぎには、1年周期の季節変化や、不規則な揺らぎ、そして次第に遅くなっていく傾向などがある。このようなずれをひとまとめにすると地球時計は2〜3年(およそ1億秒)に1秒ほどずれるため、1億分の1程度の正確さであるといえる。これは広く使われているクオーツより高精度だが、第4章で紹介されている原子時計に比べるとはるかに精度が低い(なお本章では確度や安定度などを総合して、まとめて精度と表記する)。

地球時計が揺らぎ、ずれる主な原因は、地球上や地球内部に流体が存在するためである。例えば地球の表面の大部分は海に覆われている。海の水は地球の重力だけでなく、月と太陽の重力を受けることで分布の偏り、すなわち潮汐を起こす。海岸で海を見続けていると、大量の海水が潮汐によって動いていくことが分かる。海が動くことの影響を受けて、固体の地球も少し揺れ動く。これが地球の自転の揺らぎのひとつの理由である。この潮汐の効果は、長い年月の間には地球の自転をだんだんと遅くすることが分かっている。逆に言えば昔、地球の自転はかなり速かったのである。地球が誕生してから現在まで、1年の長さはほとんど変化していない。ところがサンゴの化石の研究によって、数億年という過去においては、１年に含まれる日数が３６５日よりも多かったことが確かめられている。つまり１日の時間が短かったのである。

原子が作り出す時間へ

地球時計は揺らぎが大きいということで、１９６７年には原子時計を使って時間を定義することになる。ただし、原子の時間が採用される前に、天体の公転運動を基礎にした暦表時《れきひょうじ》という時間が使われた時期がある。地球の自転は揺らぐが、天体の公転運動は揺らぎがごく小さい。そこで１９６０年から１９６７年まで、この暦表時が時間の基準として使われた。しかしこれは使いにくさと高い精度を得るのが難しいという問題があった。

これまで数千年にわたって時間の体系を作ってきた天文学者と、まったく新しい方法で時間の体系を作ろうとする物理学者の多大な努力の結果、１９６７年、ついに時間の定義が宇宙の時間から物理の時間へと変更された。現在使われている時間の定義には、太陽など天体の動きはまったく関係していない。まさに歴史的な転換だった。この転換が行われた経過を振り返ってみると、原子時計の圧倒的な高精度、そして扱いやすさが理由となっていることが分かる。そして第４章で述べられている通り、その精度と扱いやすさの向上は現在も各国で競って進められている。

天文と原子の時間、その長所と短所

ここで、天文観測で作られる時間と原子時計で作る時間の長所と短所をまとめてみよう。まず天文観測に基づく時計の良いところは、長期間にわたる安定性である。月や惑星は人間界の出来事にかかわりなく動いていて、その動きは比較的簡単な方程式によって、例えば100年程度のかなり長い時間にわたって精度よく予測できる。天体の位置を観測すればその時刻を知ることができるのだから、時計を絶え間なく動かし続けるという必要はない。仮に遠い未来、時計を持たずに他の惑星に移住した場合を考えてみても、惑星の位置を観測すればその時刻が何年何月何日何時何分何秒であるか知ることができる。原子時計は常に人間が動作させ続ける必要があることと比べると、これは優れた特長といえるだろう。

一方、原子時計の特長はなんといってもその精度の高さと扱いやすさにある。第4章で紹介されている通り、光格子時計の精度は1兆分の1のさらに100万分の1に達し、さらなる精度向上のための努力が続けられている。天文観測が作り出す時間の精度が100億分の1であるのと比較すると、まさに桁違いな高精度である。また原子時計は大量生産が可能であり、扱いやすいことも重要である。実験室に設置して動作させれば時分秒を教えてくれる原子時計は、真に時計というべき便利な装置である。原子時計が出力する信号を使って時刻を知らせ、ネットワークを同期して動作させ、様々な科学観測に使う。こういった目的のために扱いやすい原子時計が、すでに世界の各地に数多く設置されて使われているのである。天文観測による時間では、時計となる天体システムがひとつしかなく、時間を知るために専用の望遠鏡を使った観測と複雑な計算が必要なことと比較すると、原子時計の使いやすさが際立つ。

高精度な時計と科学

社会の基盤となった原子時計

現在では比較的容易に入手できる原子時計でも、地球時計をはるかにしのぐ1兆分の1という高精度であり、最先端の光格子時計はそれよりさらに6桁高い精度が実現している。こんな高精度な時計は、日常生活には無縁のものと思われるかもしれない。しかし通信ネットワークが高速で安定に動作すること、例えばネットワーク上で高速で商取引が可能となったのは、原子時計が作り出す高精度かつ安定した時間によって支えられているからである。高度な情報化社会となった私たちの暮らしを考えれば、その社会の基礎は高精度な原子時計が支えているともいえるのである。そして原子時計の最も素晴らしい応用のひとつが、GPSなど人工衛星に原子時計を搭載した全球測位衛星システム（GNSS）である。GNSSが利用できるようになって、科学研究と社会の両面で様々な応用が生み出された。GNSSはいわゆる位置情報だけでなく、地滑りや火山活動による地面の変位の監視など防災面での利用、自動運転に代表される新しい社会的技術に使われるなど、社会に新しい価値を生み出しているのである。GNSSの応用はこの先も増え続けることだろう。

天文学の研究に使われる原子時計

一方、超高精度の原子時計の実現は、科学の研究にも新しい展開をもたらしている。ここでは地球と宇宙の研究における応用を紹介しよう。

VLBI（超長基線電波干渉計）と呼ばれる技術がある［図1］。これは地理的に離れた複数のアンテナを用いて天体から来る電波信号を同時に受信・記録し、観測後にデータを持ち寄ってそれぞれのデータに含まれる電波信号の共通成分を調べるというものである。それぞれのアンテナで受信した電波の波の形を壊さないように正確に記録するために、特に正確なタイプの水素メーザー原子時計が使われる。

天文学の研究にVLBIを応用すると、小さく見える天体の形を詳しく調べることができる。ごく簡単に言えば、視力が良い望遠鏡を作ることができるのである。天体の電波を観測するアンテナは電波望遠鏡と呼ばれる。電波望遠鏡で観測する電波の波長が短く、各望遠鏡の距離が離れているほど視力は良くなる。

2019年、ブラックホールの姿の撮影に成功したというニュースが報じられた。この観測に使われたのがVLBIである。この研究では世界各地の8台の電波望遠鏡がVLBIの観測望遠鏡イベント・ホライズン・テレスコープ（EHT）として使われた。観測した電波の波長はわずか1.3ミリメートルという短さである。テレビの電波の波長がおよそ50センチメートルであるのと比べると、波長の短さが分かる。この観測では視力1の人に比べて240万倍という高い視力が達成された。天体の微細な形を調べることにおいて人類が成し遂げた最も高い性能であり、その結果、初のブラックホールの写真

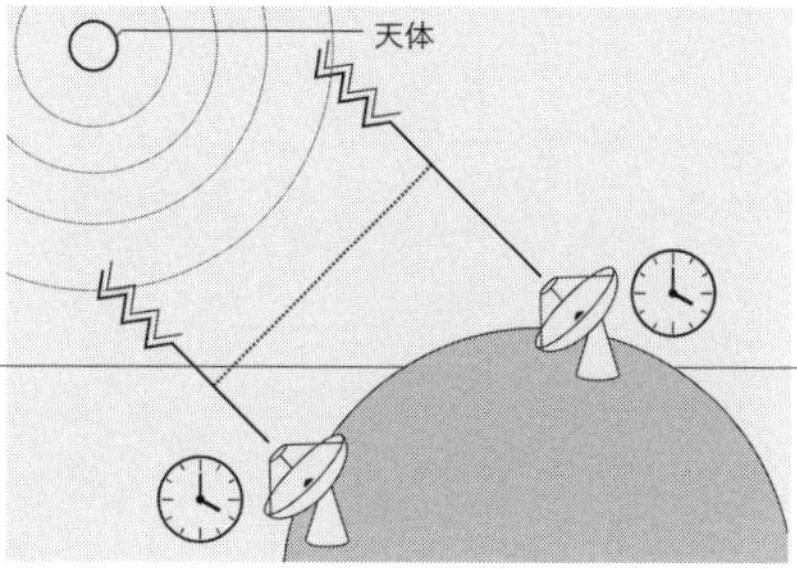

図1
超長基線電波干渉計（VLBI）の原理
天体から到来した電波をふたつの電波望遠鏡で観測する。
信号を受信する時間差を正確に測定することで、
天体の形や、望遠鏡間の距離を調べられる。

図2
ブラックホール
イベント・ホライズン・テレスコープ（EHT）によって撮影された、
銀河M87の中心にあるブラックホールの姿。
中央の暗い部分に、太陽の65億倍という大きな質量のブラックホールがある。
（画像提供：EHT Collaboration）

撮影に成功したというわけである［図2］。

日本国内にもVLBIを行う望遠鏡群がある。そのひとつ、国立天文台のVERA（ベラ）と名付けられた望遠鏡は、天体の位置を正確に測定することに特化した研究を行い、我々の太陽系を含む銀河系（天の川）の形と大きさ、そして回転運動を調べている［図3］。銀河系の中にはメーザー天体と呼ばれる強い電波を出す天体が多数ある。VERAはこのメーザー天体の位置を超高精度で測定し、メーザー天体までの距離とその運動を正確に調べるのである。10年以上にわたって多数のメーザー天体について研究を行った結果、渦巻き腕を持った銀河系の姿が浮かび上がり、またその回転の様子が明らかになってきた。銀河系の中には未知の物質であるダークマターが大量に存在すると考えられている。VERAの研究はダークマターの分布と存在量の推測に役立ち、ダークマターの正体解明にも重要な役割を果たすことが期待されている。

地球・惑星科学の研究に使われる原子時計

同じVLBIでもデータの解析方法を変えると、アンテナの間の距離を1センチメートル以下の精度で測定できる。これを地球科学に応用すると、プレートテクトニクスの研究、そして地球の自転の揺らぎの計測が可能になる。プレートテクトニクスとは、地球の表面が十数枚の巨大な岩の板、プレートで覆われていて、プレートの運動が地表の様々な構造や現象を生み出している

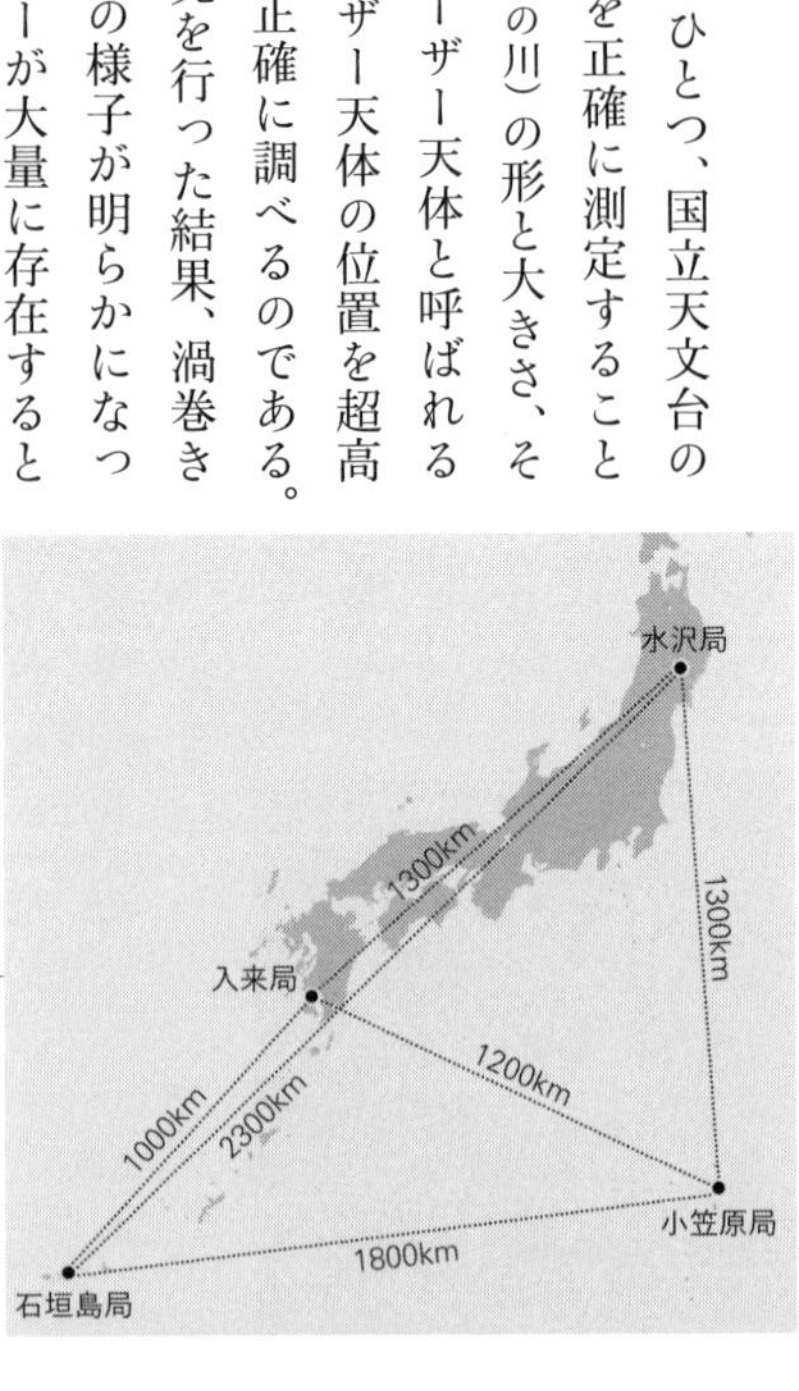

図3
国立天文台のVLBI観測装置「VERA」
国立天文台では口径20mのパラボラアンテナを水沢局（岩手県）、入来局（鹿児島県）、小笠原局（東京都）、石垣島局（沖縄県）の4局に設置し、VLBI観測を行う。

図4

国土地理院つくば局とハワイ・コキー局の基線長変化
1年間に約6cmずつ距離が縮まっていたが、
2011年の地震で一気に60cm縮まり、その後も
急速な変化が続いている。(画像提供:国土地理院)

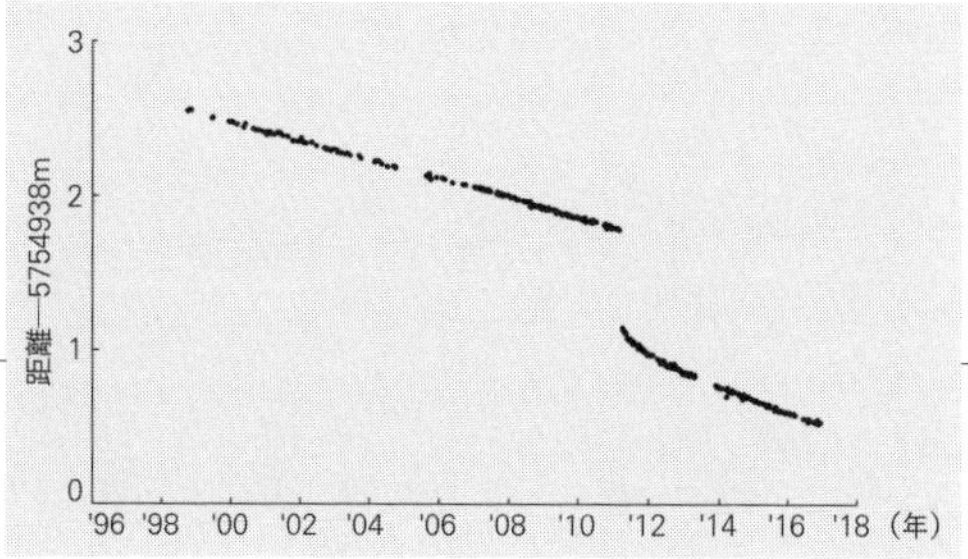

とする考え方である。例えば日本列島の西南部はユーラシアプレート、東北部は北米プレートと呼ばれるプレートに乗っている。プレートの動きは大きくても1年間に数センチメートルと微小であるが、VLBIを使うとこの動きを直接調べることができる。日本に置いたアンテナとハワイに置いたアンテナでVLBIの観測を繰り返し、互いの距離を調べた結果、毎年約6センチメートルずつ距離が縮まっていることが明らかになったのはよく知られている。ハワイ諸島を乗せた太平洋プレートが日本列島の方向へ接近しているのである[図4]。2011年3月11日、東日本大震災を起こした東北地方太平洋沖地震によってこの距離が一気に60センチメートルも縮まったことなどもVLBIによって測定されている。

第1節で述べたように、地球の自転は原子時計ほど正確ではなく、揺らぎ、次第に遅れていることが分かっている。この地球の自転の様子を調べるのもVLBIの役割である。日本国内では、国土地理院が国際協力のもとでこの測定を行っている。国土地理院は国土を測量し、地図を作る機関であり、地球上における日本の国土の位置を調べ、また地球がどのような自転の状態にあるのかを測定しているのである。国土地理院は茨城県の石岡測地観測局に設置したアンテナを使い、海外の研究機関と協力して日々VLBI観測を行っている。

この他にもVLBIは、地理的に離れた各地の時計の時刻を比較すること、また離れた原子時計の周波数を比較することなど、様々な目的に利用されている。これらの分野では、日本の情報通信研究機構(NICT)が世界の研究を牽引してきた実績がある(第4章を参照)。

月・惑星探査、地球内部の探査

次に、惑星や月の探査に原子時計が利用されていることを紹介しよう。２０２０年、ＪＡＸＡが打ち上げた小惑星探査機「はやぶさ2」が小惑星リュウグウのサンプルを地球に帰還させたニュースが報じられた。この壮大な計画を成功に導いた技術のひとつに、数億キロメートルという巨大な太陽系の中で、探査機の位置を正確に測定する技術がある。この探査機の正確な位置決定に原子時計が使われているのである。探査機の位置を測定する方法はいくつかあるが、その最も基本的な方法がＲ＆ＲＲ（レンジ・アンド・レンジ・レート）と呼ばれるものである。探査機と通信を行う地上局から電波信号を送り、探査機はその信号を受け取って送り返す。地上局で信号を受け取ると、往復に要した時間から探査機までの距離が分かる。また受信した信号の周波数は探査機のドップラー効果でわずかに変化しているので、この変化を測定して探査機の速度を推定する。これらの測定を繰り返すことで探査機の位置を正確に決定するのである。この位置の決定には正確な時間と周波数の測定が必要であり、原子時計が欠かせない。

　これと同等な技術で、月レーザー測距《そっきょ》というものがある。アポロ15号や旧ソ連の月探査機は月面にコーナーリフレクターという特殊な鏡を設置した。この鏡に向けてレーザー光を発射し、跳ね返ってきた光を受信してその往復時間を計ることで、月までの距離を誤差1センチメートル程度の精度で測定できる。この月レーザー測距という超高精度測定により、月の回転状態を詳しく調べることができ、その結果から月の内部の状態、ひいては月のでき方まで研究が行われている。

　地球の内部を調べることにも原子時計が使われている。地球内部を調べるひとつの方法は、重力を正確に測定することである。絶対重力計は重力の強さ（重力加速度）を正確に測定する装置であり、真空にした装置の内部で特殊な鏡を落下させ、その落下速度を計測することで重力を測定する。この落下速度の計測にルビジウムやセシウムの原子時計が使われるのである。この方法によって重力の強さを9桁という高精度で測定できる。これほど正確に重力を測定できると、月・太陽の重力で地球が変形する様子や、地下水の移動、火山活動に伴うマグマの移動の様子を推測することができる。

パルサーと原子時計で重力波を観測する

本節の最後に、パルサーを使った宇宙物理学の研究を紹介しよう。時間の定義は天文観測によるものから原子時計によるものに変わったが、宇宙には原子時計に匹敵する正確な信号を発生する「パルサー」と呼ばれる天体がある。パルサーとはパルスする星という意味の名前であり、その名の通り電波望遠鏡やX線望遠鏡でパルサーを観測すると周期的にピッピッというパルスを出しているのが分かる。パルサーはこれまでに3000個ほど発見されており、パルスの周期はおよそ1000分の1秒から10秒ほどである。パルサーの正体は中性子星という直径20キロメートルほどの小さな星であり、そのほとんどが中性子という粒子でできていると考えられている。大きさはごく小さいが、質量は太陽と同程度であり、つまり高密度な星である。この小さな星が1回転するたびにパルス状の電波やX線が放射される。質量が大きい天体なので回転は安定しており、その精度が原子時計に匹敵するのである。

宇宙に存在する高精度なパルサーと地上の原子時計を組み合わせて、重力波を検出しようという研究が行われている。重力波とはアルベルト・アインシュタインによって予言された時空の波であり、2015年に初めて直接検出された。それほど検出が難しい微弱な波であるが、もし重力波の観測ができれば宇宙の研究に新しい方法をもたらすと期待され、色々な観測方法が日本を含む世界各国で研究されている。

パルサーを使った重力波の検出方法はふたつある。第一の方法は、連星になっているパルサーの観測である。ふたつのパルサー(中性子星)がごく接近してぐるぐる公転するような天体を連星パルサーと呼び、実際にPSR B1913+16という連星パルサーが発見されている。PSR B1913+16の公転周期はわずか8時間程度という短さで、まさにぐるぐる回っているという表現が当てはまる。太陽程度の大きな質量の2個の天体が短時間でぐるぐる公転すると、強い重力波が放射される。この重力波を直接観測することはまだできないが、間接的な方法で重力波の存在を調べることができる。

連星パルサーが重力波を放射すると、重力波は連星パルサーからエネルギーを持ち去ってゆく。連星パルサーはエネルギーを失うと、ふたつの中性子星がますます接近し、ますます速く公転するようになる。この公転の速さの上昇を、パルスの観測によって測定できるのである。実際にPSR B1913+16の公転速度は上がり、公転の周期が次第に短くなっていることが観測によって確かめられている。これは、重力波が存在していることを間接的に証明しているのである。

第2の方法は、パルスの揺らぎの観測で長い周期の重力波をとらえようとする試みである。パルサーから放射されたパルスは地球に届くまでに広大な空間を伝播してくる。ここに時間・空間の波である重力波がやってくると、パルサーが正確にパルスを出していても、地球で観測されるパルスの到来時間は揺らぐ。パルサーのパルスと原子時計を比較してこの揺らぎをとらえれば、重力波がやってきていることが分かるというわけである。この方法は、既存の重力波望遠鏡ではとらえられない、1年から10年程度の長い周期で振動する重力波の検出に向いている。宇宙と地球の精密な時計の比較というこの試みは現在進行中であり、近い未来に重力波検出に成功するかもしれない。

時間学

時計で計れない時間

これまで見てきた通り、社会にも科学の研究にも超高精度な時計の存在が大きな影響を及ぼしている。そして我々現代人は、正確な時計で計るものが時間だと無意識のうちに思っている。しかし時計で計る時間の他にも、様々な時間が存在するのである。ここからは時間をより広い概念として考えてみよう。

まず、多くの人が知っている時間に関する不思議な現象として、楽しい時間は早く過ぎ去り、退屈な時間はなかなか進まないというものがある。時間の進み方が、そのときの経験や気持ちによって変化するのである。これは当人の心の問題であって時間の問題ではない、という考え方もあるだろう。物理学的な科学は、できるだけ人間の感覚に関わるもの、あるいは価値に関わる考えを排除して、客観的な事実のみ対象とするように発展してきた。その立場に立てば、主観的な時間の感じ方は物理学の対象ではないといえるだろう。

しかし心がどう感じるかということを、客観的な事象より劣るものとすることはできない。まず、これは心理学的に大変興味深い現象であり、様々な研究と説明がなされている。また、ある人が感じる時間は、その人にとって意味や価値を持つ。文学に現れる様々な時間は、主観的な時間を対象としている。ある人にとっての時間の感じ方、あるいは時間の価値が多くの人に共有されるなら、そこには大きな意味がある。

自然科学の一分野である生物学でも、しばしば人間を対象とする。工学、農学、薬学など理系の学問分野も、基本的に人間と技術の関わりが基礎にある。医学と教育学は言うまでもなく人間を対象とする。経済学、法学、社会学は人間が作った社会の事象を対象とし、人文学は人間の内面を対象とする。さらに言えば、物理学が描く自然観も、自然を人間が理解したひとつの形なのである。人間の理解なくして、世界を理解することはできない。したがって、時間を人間との関係において考察することも、時間の性質を明らかにする上で欠かせないのである。

そのような例として、のんびりとした時間が流れている田舎と忙しい時間が流れる都会という表現を考えてみよう。言うまでもなく、田舎でも都会でも時計で計れば同じ時間が流れているのであるが、その社会に生きる人たちの生活様式に時間的な圧迫感を感じるかどうかがここでは問題とされているのである。これは社会学的な問題意識である。田舎と都会を対比するこのステレオタイプな表現が事実かどうかは学問的に検討を要するが、明治初期と現代を比較すると、日本人の時間意識は明瞭な変化をしたことが知られている。なぜそのような変化が生じたのか、そこに時計の普及がどのような役割を果たしたのか、第2章で詳しく説明されている通りである。

ここまでに出てきた3種類の時間、つまり時計によって計られる時間、個人的な時間、そして社会の時間は、学問を大きく分けた3分野の自然、人文、社会に対応する。つまり人間が知的な探求の対象とするすべての領域にわたって、様々な時間の概念が存在するのである。

過去から現在の自分へ

広範囲で多様な時間があることが分かると、新しい視点で世界を見ることができるかもしれない。そのひとつの例として、自分につながる過去という考えを検討してみよう。人が時間を感じる場面のひとつは、過去から現在に至る時間の中で作られ、保存されてきたものが目の前に現れるときである。例えば昔の写真を見たときや祖先が使っていた道具を手にしたときには、直接自分につながる過去が感じられる。自分に直接つながっていなくても、古代の芸術作品を見たときや古い遺跡を訪れたときにも過去から現在にいたる時間を感じることがあるだろう。過去があるから現在の自分が存在するのだという認識である。

現在の自分に最も近い時間では、自分の過去、あるいは経歴によって自身のアイデンティティが作られていることが挙げられる。自分が生まれて以来、過去から現在にいたるまでに経験してきたこと、過去に出会った人たちとの交流を通じて、現在の自分が作られているのである。ここには記憶が大きな役割を果たしている。もし過去の記憶を失ってしまったら、自分が何者かが自分にも分からないアイデンティティの喪失という危機に陥る。コルサコフ症候群という記憶障害の病気にかかって、記憶とともにアイデンティティを失った人物が、神経学者のオリヴァー・サックスが著した『妻を帽子とまちがえた男』に描かれている。

遠い祖先から家族の系譜をたどった結果として、現在の自分にいたる。このような系譜を具体的な形として持っている現代の日本人は多くないだろう。ところが中国や韓国の多くの家には数百年にわたる一族の詳細な家系を記した族譜という書物がある。族譜には一族の由来、祖先の生没年や職業、墓の場所などが記載されており、大きな一族の族譜は何冊にもなるという。もちろんそのすべてが完全に正確であるとはいえないであろうが、それでも祖先から現在の自分へとつながる系譜が実際に存在し、一族のアイデンティティを支えているというのは驚くべきことだ。近代化・都市化する中国や韓国で、族譜に象徴される一族のアイデンティティがどのように変化していくのかは興味あることである。

地球に記録された過去

歴史学では1000年以上にわたる過去の出来事を文書などの史料から読み解き、過去に起きた事実を理解しようとする。文書記録が残されていない時代になると考古学の世界であり、さらにさかのぼった時代の人間の研究は人類学の領域となる。自然界の歴史を調べるのは、地質学に代表される学問領域となる。

地球の過去の研究において、近年、日本の研究者が大きな役割を果たしている。古気候学者の中川 毅氏は、福井県にある水月湖《すいげつこ》の湖底に堆積した地層を調査することで、過去7万年の気候変動を復元する研究を行っている。水月湖の湖底から採取された45メートルに及ぶ地層のサンプルには、各層およそ0.7ミリメートルの厚さの縞模様がびっしりと刻まれている。「年縞《ねんこう》」と呼ばれる

図5
水月湖で採取したサンプルの年縞
45 mに及ぶ地層のサンプルに、およそ0.7 mmの縞がびっしりと積み重なっている。縞のひとつが1年分の堆積物からなる。
（画像提供:立命館大学古気候学研究センター 中川 毅教授）

この縞模様は1年間に堆積した物質によってできていて、樹木の年輪に相当するものである［図5］。この各層に含まれる花粉などを分析することで、はるかな過去における1年ごとの気象状態を再現することができるのだ。長期間にわたる気象状態の変遷を理解することで気候変動のメカニズムを理解し、それによって近未来の気候を詳しく予想できるようになることが期待されている。水月湖の年縞は世界で最も正確な年代が分かる堆積物として、2012年に地質年代測定（特に放射性炭素を用いる年代測定）の世界標準に認定された。

一方、2020年にチバニアン（千葉時代）という名称が、中期更新世（約77万年前〜12万9千年前）と呼ばれていた期間に対する地質時代名として国際地質科学連合によって正式に決定された。千葉県房総半島の養老川沿いの崖に、中期更新世の始まりの痕跡が刻まれた、77万年前の時代の地層が明瞭に観察される地域がある。77万年前は地球の磁場（地磁気）が逆転した時期であり、地磁気逆転の様子が千葉セクションと呼ばれる場所の地層において明瞭に観察できる［図6］。これらの研究に基づいて、およそ77万年前の中期更新世が始まった頃の時代を理解するのに千葉のこの地層が世界で最も適切だと判断され、命名につながったのである。水月湖の例と同じように、地層は海底や湖底という水の底にたまってできる。77万年前というのは地球の歴史ではごく最近であり、その時期に海底にあって現在は地上で観察できる場所というのは世界中でもまれなのである。この研究を率いた古地磁気学者の岡田 誠氏は「地層とは、地層面という平面に変換された三次元空間と、地層が積み重なる方向へ変換された時間の流れを一度に見ることができるものであり、長大な過去の世界を目にすることができる『タイムマシン』である」と語っている。

図6
千葉セクション
崖の途中に、約77万年前の境界が明瞭に観察される。
下部が古く、上部が新しい。
（画像提供:茨城大学 岡田 誠教授）

時間学という学問

以上に紹介しただけでも、実に多様な時間があることがわかる。精密な時計が刻む時間、一人ひとりの心が感じる時間、社会を作る時間、祖先から現在の自分にいたる時間、地球に記録された時間。これほど様々な場面に様々な形で現れる時間を、時計で計るものと言い切るのは単純化しすぎであり、豊かな時間の概念を十分に把握していない。

それでは、時間にはどれほどの多様性があり、その多様性はどこまで広がっているのだろうか。またこれほどの多様性を示すものがなぜ「時間」として同じ名前で呼ばれるのだろうか。この様々な「時間」には、それぞれどのような関係があるのだろうか。このように問題を設定して、その問題に答える形で時間を理解しようとする試みが時間学である。

時間とは何か、という直接的な問いは時間学の核心にある。これまで哲学や物理学の時間論としてこの問いに対して様々な回答が試みられ、膨大な研究の歴史がある。それは時間学にとって重要な位置を占めるが、本書ではこの問いには触れなかった。これを重視しすぎると、かえって時間にかかわる豊かな世界が見えにくくなるからである。時間学では時間の多様性の追究、多様な時間の関係の解明という側面も重視して、時間学体系の構築を試みているのである。

日本では、時間学という名前は２０００年に山口大学に「時間学研究所」が設立されたときに始まる。この研究所の設立者は当時の山口大学学長であった広中平祐氏である。広中氏の狙いは、文系や理系と区分され、細かな分野に分けられた個々の学問領域を超えて、「時間」を鍵にした知のリンクを作ろうというものであった。トップダウンで学問を作るというのは困難なことだが、時間に興味を持つ様々な分野の研究者がこの新しい学問に参入してきたことにより、時間学は発展の軌道に乗り始めている。２００９年には「日本時間学会」が設立され、論文誌『時間学研究』も発行されて、研究は広がりつつある。

世界に目を向けると、個別の分野で時間を論じた優れた研究は古代ギリシャの時代から現代まで多数存在する。これを総合した時間学を作ろうという試みも様々な形で行われてきた。米国の物理学者・時間学者であるジュリアス・トーマス・フレイザー氏が１９６６年に設立した「国際時間学会」がその最も優れた活動であろう。日本時間学会は国際時間学会と連携した活動を行っており、日本発の時間学も世界的に認知されている。

生物の時計と社会の時間

ヒトが時間を守れる限界

時間学の研究は時間の多様性を追究し、多様な時間の関係を明らかにすることによって時間に関する理解を深め、その成果を社会に還元することを目指している。ここでは現代社会の問題に対する時間学の応用についてふたつ紹介しよう。

第1章から第3章にわたって紹介されているように、古くから日本人は精密な時計の製作に努力し、また明治時代以降は時計に合わせて生活をすること、つまり時間を守るという意識を社会に広めてきた。その結果として、現代の日本は世界で最も時間を厳しく守ろうとする社会となっている。特に鉄道の運行時刻の正確さは世界的にもトップクラスである。

しかし現在、厳密に運行時刻を守ることが過度な負担となっている場面がある。ふたつの事例を挙げてみよう。２０１７年11月14日、日本のある鉄道会社が、乗務員の確認不足によって列車が定刻より20秒早く出発したことを謝罪したことがニュースとなった。たしかに予定時刻より早く発車をすることは鉄道運輸規定に反するし、安全な鉄道の操業のためには20秒といえども無視はできないといった謝罪の理由がありうる。しかしこの20秒のために電車に乗り損ねたことを訴えた乗客はいなかった。

２００５年４月25日に起きたＪＲ西日本の福知山線脱線事故は、１０７名もの人命が失われた日本の鉄道史に残る大事故である。この事故発生の背後には、運行の遅れを運転士の責任として必要以上に厳しくけん責したという事実がある。この事故の前に、運転士は運行が遅れたことでペナルティを科されていた。事故の当日も運行が遅れており、そのことが気になって運転中にブレーキ使用のタイミングが遅れた可能性が、事故報告書において指摘されている。

鉄道の運行に関わる人たちは特別なトレーニングを受け、また高い職業意識によって定時運行に努力をしており、その多大な努力の成果として日本の鉄道はきわめて正確に運行されている。

しかし、人間の努力だけでこの正確さを維持できるだろうか。心理学者の一川誠氏は著書『「時間の使い方」を科学する』において「時計の時間に、秒単位で対応して作業し続ける（中略）そのような作業を持続する能力は、人間にはないと思います」という。社会が秒単位の時間の正確さを要求しても、生物としてのヒトの能力には限界があって、要求に応えられないことがあるのである。社会的な時間と生物としての人間が守ることのできる時間の両面から、これらの問題に取り組むことが求められる。

鉄道が秒単位のスケジュールで運行されることによって便利な社会が実現していることはいうまでもない。この便利さを失わず、またその運行に関わる人間に過度な負担をかけないようにするには、どうすればよいだろうか。例えば次の3つの方法が考えられる。まず、遅刻や遅延が生じても、それが深刻にならない弾力性のある時間管理である。これは福知山線の事故後にJR西日本が対策のひとつとして採用した考え方であり、「遅れに対して弾力のあるダイヤとする」ことが示されている。これについては長年にわたって鉄道会社が膨大な研究を行っており、様々な実績もある。このような鉄道運行に関する技術は今後も研究が進められていくことだろう。次に、やむを得ない遅刻を許容する社会の雰囲気を作ることも大切である。例えば政府やマスコミが主導して社会と人間の時間について深く追究し、乱れに対して柔軟な社会を作ることを提案するということが考えられる。最後に、人間が秒単位の時間で行動しなければならない場面を解消し、そのような仕事を機械・人工知能（AI）で代替するという技術開発である。例えば、ややSF的であるが人間の車掌とAI車掌が一緒に乗車し、互いに確認をしつつ運転をするところを想像してみよう。AI車掌が「そろそろ発車の時刻ですね」というのを聞いて人間車掌が「了解。では発車しましょう」と応えるだけでも人間の負担は軽減され、20秒早く発車するミスを回避できる可能性がある。もちろんこれはSF的想像の場面であるが、どのような社会が実現するにしてもAI技術の適切な利用のためにはAIと人間が互いに気持ちよく協力できることが必要だろう。このような技術の実現のために、AIの発展と人間に関するさらなる研究が望まれる。

概日リズムと社会的時差ぼけ

第Ⅰ節で述べたように、我々は太陽の動きに合わせて24時間周期で睡眠と覚醒を繰り返している。朝7時になったから起きるというように、人工的な時計が示す時間に合わせて寝起きすると我々は考えているが、実はこの理解は十分正確とは言い難い。ヒトを含む多くの生物は体内に生物時計と呼ばれる固有の時計を持っていて、その時計が示す時間に合わせて睡眠と覚醒のリズムが生じている。人工的な時計、日照、他者との対話などの外部からの刺激をすべて遮断した条件に置かれた人も、ほぼ24時間で寝起きをすることが確かめられているのである。

生物時計のミクロな機構は一つひとつの細胞の中にある。時計遺伝子と名付けられた複数の遺伝子のあるものが発現し、その生成物が増えると細胞はある活動状態になる。しかし生成物が十分に蓄積するとこれが時計遺伝子の発現を抑制し、再び生成物の量は減少する。こうして細胞内の遺伝子の発現と生成物の量が周期的に変化し、その周期がほぼ24時間なのである［図7］。これを概日リズム（サーカディアンリズム）という。そのため、人は毎日の起床時刻になると、体内の時計の働きによって身体が目覚める状態になるのである。

人間の体内の時計と生活の時計が一致していれば、快適に起床できるだけでなく、健康にとって良い作用もあることが分かっている。言い換えると、体内の時計に合わない時間に起床したり働いたりすることは、身体と精神に悪い影響がある。例えばジェット機で海外旅行をすると、現地の時間と体内の時間が一致せず、仕事中に眠気を感じたり、食欲がなくなったりする。これはいわゆる時差ぼけの状態である。海外に長期間滞在すると体内の時計は次第に現地の時間に一致するので、海外旅行にともなう時差ぼけは一時的な現象であってあまり深刻な現象ではないかも

図7

体内時計の図

生物が細胞の中で約24時間を計るしくみ。

時計遺伝子の活動によって時計タンパク質が作られる。

時計タンパク質が増えると、時計遺伝子の活動は低下し、時計タンパク質も減る。

こうして24時間の周期で遺伝子の活動が変化する。

しれない。

　ところが昼も夜も活動を続け、24時間社会といわれる現代社会には「社会的時差ぼけ」という現象がある。いわゆるシフトワークをする人で、しばしば夜勤の業務に就く人は、体内の時間と社会の時間が不一致な状態を長く経験することになる。例えば24時間営業のコンビニエンスストア、終日運転をする鉄道従事者、長距離輸送のトラック運転手、夜間救急診療所の医療従事者などであり、多くは現代社会が利便性を高めるために作り出した職種である。このような職種に就いている人は、しばしば慢性的な社会的時差ぼけの状態にあるという。上記の通り、時差ぼけの状態は身体的・精神的な不調につながり、当人の健康を脅かす。また時差ぼけは交通事故をはじめとする様々な事故の原因となっていることが指摘されている。つまり生物としての人間の時間と、社会的な時間のずれは、大きな社会的損失を生じさせている可能性があるのである。

　この問題に取り組むときにも、生物としてのヒトと社会の在り方の両方から研究が必要だ。24時間社会でもできるだけ無理のない働き方をするために、生物としてのリズムをよく理解し、生物の時間を社会の時間とできるだけ整合するように「体に優しいシフトワーク」を組むことも提唱されている。

　生物の時計とリズムをよく理解すると、興味深い応用が可能になるかもしれない。例えば人の認知能力は1日のうちの時間によって変化する。10代の若者の認知能力は午後に高まるという研究があるので、学校では午後に難しい教科の授業をすることが好ましいということが考えられる。あるいはサッカーなどをするときには昼間より夕方に能力が高まるという研究もある。つまり勉

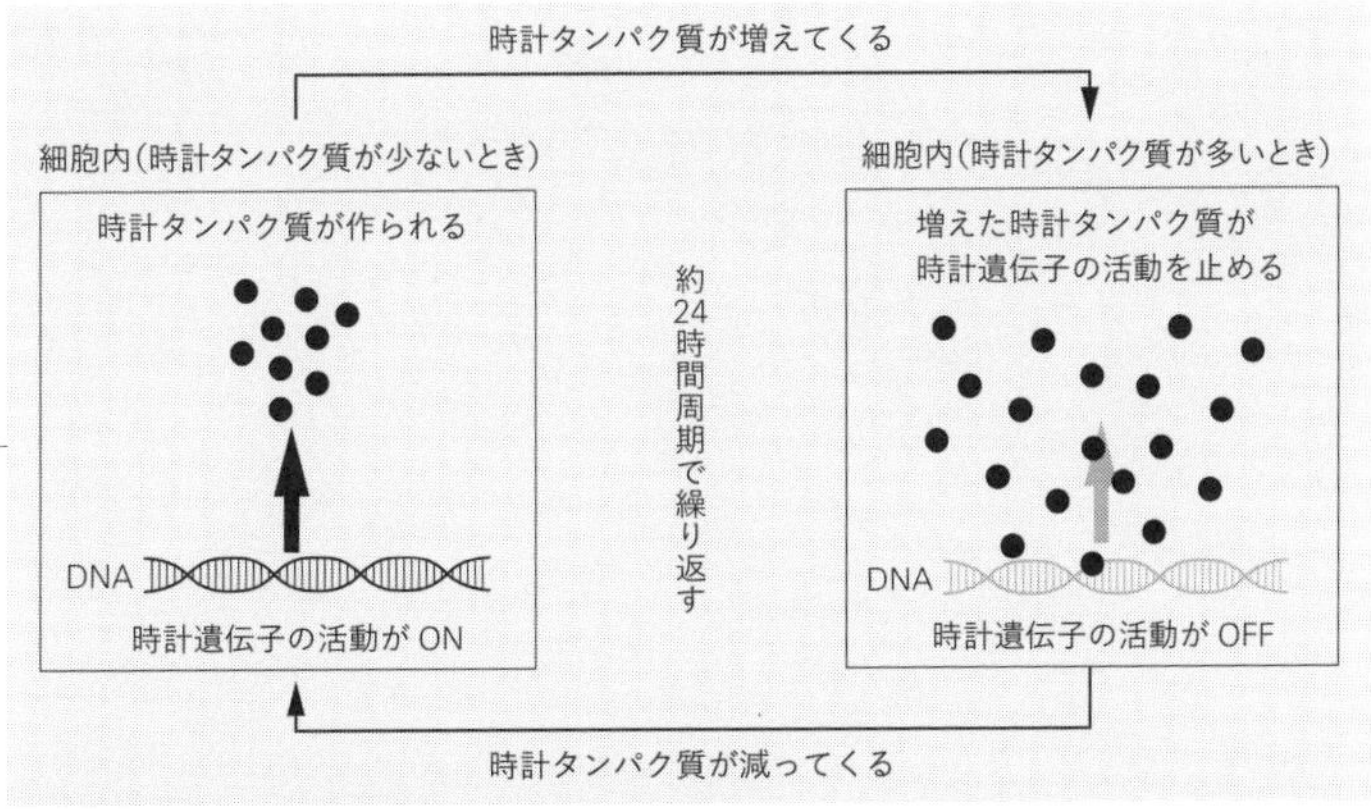

時計タンパク質が増えてくる
細胞内（時計タンパク質が少ないとき）
時計タンパク質が作られる
DNA
時計遺伝子の活動がON
約24時間周期で繰り返す
細胞内（時計タンパク質が多いとき）
増えた時計タンパク質が
時計遺伝子の活動を止める
DNA
時計遺伝子の活動がOFF
時計タンパク質が減ってくる

強やスポーツで良い成績を出すために、生物時計に合った学習、練習をするのが効果的かもしれない。もちろんこれは平均的な傾向であり、生物時計には大きな個人差があることも分かっているので、単純にあらゆる人に当てはまるわけではないことは注意しなくてはならない。

医療に生物時計を応用する研究も始められている。時間薬理学、あるいは時間治療学という分野である。体の状態は24時間で周期的に変化するので、同じ薬を飲んでも、それがよく効く時間帯と効きにくい時間帯がある。この違いを研究し、患者の体内の時間に合わせて投薬をすることで、無駄なく効率的に、あるいは副作用を回避して目的の効果を得ようとするものである。すでに血圧を下げる降圧薬、気管支喘息の治療薬などでは投与する時間が設定され始めている。

一生を超える時間に対する心理と経済

ここまで1秒単位の時間で仕事をすることの難しさ、そして体内の時計が24時間周期で動くことと社会の関係を考えてきたが、より長い、人の一生程度の時間の長さにおいても、興味深い問題がある。例えば自分の世代が排出した温室効果ガスによって地球温暖化が進行し、2～3世代も後の時代に社会的な被害が大きくなる可能性がある。地球温暖化の被害を生じさせないようにするには、数世代先の未来のことまで考慮することが必要だが、これが難しいのである。逆に、子孫のために植林をするという考えは広く受け入れられ、また実践もされている。植林をした当人には経済的利益が得られないにもかかわらず、である。利益を生み出すものについては未来のことを考え、不利益を生み出すものについては未来のことに目をつぶってしまうという人間の性質を、心理と経済の両面から研究する必要があるだろう。

豊かな時間を目指して

豊かさという価値について語るために、経済学者の宇沢弘文氏が述べた一文を引用することから始めよう。すなわち豊かな社会とは「各人が、その多様な夢とアスピレーション（抱負）に相応しい職業につき、それぞれの私的、社会的貢献に相応しい所得を得て、幸福で、安定的な家庭を営み、安らかで、文化的水準の高い一生をおくることができるような社会」である。時間の豊かさは心の問題である。科学的知識で時間を理解することが心に豊かさをもたらすことは可能だろうか。例えば科学的な知識に基づいて宇宙の歴史を理解し、宇宙の中で我々がいる位置を理解することは、その壮大な事実によって、またその事実を人間が知りえたことによって心が動かされるかもしれない。また、漠然とした不安を解消する手掛かりになるかもしれない。

とはいえ、やはり価値に関わることは科学的なアプローチだけでは不十分である。前記の「豊かな社会」で定義中の「安らかで」の部分に注目し、心と時間との関わりを考えてみよう。人々が安らかな気持ちでいられる時間は、豊かな時間といえるだろう。逆に安らかでないのは、仕事に追われ、厳しいスケジュールに追われているときである。もうひとつ、時間に関係して心に不安をもたらすのは、我々はいつか死んで無に帰ることを思うとき、そして自分を含めた人類もいつか滅亡するという、時間にかかわる究極の課題を考えるときである。このような感覚を時間のニヒリズム（虚無主義）と命名し、その原因を比較社会学の手法で深く追究したのは社会学者の真木悠介氏である。

我々が時間に追われ、またやがて死を迎えることを考えて虚無感を覚えるのは、近代化された文明に特有のものであり、それは直線的で無限に続く時間という時間のとらえ方をすること、時間が数量化・貨幣化された現代社会の構造によってもたらされた現象であることを真木氏は明らかにした。これに対比されるものとして、近代文明とは異なる生活スタイルを持つ民族の時間意識、あるいは古代人の時間意識がある。しかし我々は現代の文明がもたらした快適な生活を捨てて古代人の生活に戻ることはできない。安らかな時を過ごすことができるよう、我々は新しい方法を探し求めなくてはならないのである。その方法として真木氏は「現代社会の中で自我が孤立しているのを緩めて、他者と心が響きあう状況を作ることで、現在を充実した時間として生きることができるようになる」としている。

児童文学作家ミヒャエル・エンデの童話『モモ』には、このような「現在」を充実した時間として生きられる社会の姿が描かれている。『モモ』のストーリーはサブタイトル「時間どろぼうとぬすまれた時間を人間にとりかえしてくれた女の子のふしぎな物語」に要約される。物語は都会のはずれの町が舞台で、主人公である浮浪児モモと町の人々は親しく暮らしている。所得面では人々は豊かではないが、人を思いやる時間を持っている。この好ましい社会に流れる豊かな時間は、一度は時間どろぼうによって盗まれ、失われてしまう。時間を盗まれた人々は数量化・貨幣化された時間に追われるようになる。まさに真木氏が指摘する現代社会がもたらした時間の姿である。物語では最終的にモモの活躍によって、人々は豊かな時間を取り戻す。

ひとまず、豊かな時間とは人々の心が響きあう状況にあると考えてみよう。これは人間の心の性質であると考えられる。近年、人間が進化する過程で、特に狩猟採集生活を行っていたときに、人間の心の性質が作られたという研究が広く行われている。例えば、ふたりまたは集団で狩りをするときに、相手のことを考え、互いに協力することで生存の可能性が高まる。その結果として他人の幸福へ配慮し、また他人が自分に配慮することを認識できる、道徳を備えた人間となったという研究がある。他人に配慮するという道徳と、人々の心が響きあうという状況には関係がありそうだ。そうだとすると、狩猟採集生活を共にする集団生活において、豊かな時間を過ごすことができる心の性質が生まれた可能性がある。

繰り返しになるが、現代社会に生きる我々は、快適な生活を捨てて狩猟採取生活に戻ることはできない。自我の孤立は、別の観点に立てば様々な制約のある集団生活からの解放でもある。他人に干渉されない自分の時間を楽しみたいという人も多いのではないだろうか。では、個人的な自由な時間と、他者と心が響きあう豊かな時間を両立させることは可能だろうか。この問いに簡単に答えることはできない。人間と社会の両面からの研究が必要なのである。

人々の孤立、特に高齢者の問題を改善するための取り組みは行政においても、民間のレベルにおいても広く始められている。これをさらに広めて、心の響きあいから逸脱した自我の孤立という状況の改善も必要かもしれない。そのときに、豊かな時間という視点が意味を持つ可能性がある。時間学が社会学、生物学や心理学的などに現れる多様な時間とその関係を明らかにして、その成果を社会的な取り組みに役立てることができれば、そして豊かな時間を過ごすことに貢献できるなら、時間学は実用的な学問ともなりえるだろう。

あとがき

存在することが当たり前になっていて、そのありがたさや価値に気づくことがないものは案外多いようである。例えば空気がなければ人は生きていけないが、空気は身の周りに当然のように存在するため、今さらそのありがたさに気づくことはほとんどない。水も生活に必須なものだが、普段はありがたさを忘れている。ただ、水は空気と違って水道を人間が整備した結果、便利に利用できているのである。

「時間」は空気にも水にも似たところがある。人が生きているということは、様々な変化を伴うのだから、それは時間的な現象である。時間が存在しない、つまり何も変化がない世界は想像することもできない。しかし、私たちが使う時間は単なる変化の現象ではなく、時計と暦によって区切り、体系化し、社会の構成員が共有する時間である。その意味では、時間は水道に似た社会的なインフラストラクチャーである。水道が社会を支えるように、時間も社会を支えているのであり、私たちが使う時間は決して自然に存在するものではなく、歴史があり、それを構築してきた人たちがいるのだ。

本書では「時間」にかかわり、一見すると当たり前に思え、しかしその奥に広く深い世界がある事柄を解説してきた。第Ⅰ章から第４章は、暦と時計が取り上げられている。順に振り返ってみよう。

第Ⅰ章では、そもそも私たちが何気なく使っている暦と時間がテーマである。暦や時間、そして時計は、現代の私たちには当たり前のものであるが、それが生み出され、当たり前になるまでには長い歴史と様々な努力と工夫があったのである。

第2章では、私たちの時間意識がテーマである。私たちは時間を正確に守ることを当たり前と思っているが、それは明治維新以後、社会の発展と向上を目指した取り組みの結果だったのである。その中でとりわけ重要だったのが1920年の時の記念日だった。

第3章では、日本の時計産業がテーマである。世界に冠たる日本の時計産業は、正確で、優れたデザインで、魅力的な機能を持ち、そして安価な時計をこの世に送り出している。日本の時計産業が現在の姿になるまでには膨大な努力と工夫があった。

第4章では、現代の技術の粋を集めた原子時計の紹介である。驚異的な高精度を達成し、さらにそれを改良するために、技術革新は日々続けられている。そして私たちは原子時計が作り出した正確な時間を当たり前のように使っているが、正確な時間を維持し、人々が正確な時間を利用できるために、絶えることのない努力が続けられているのである。遠い過去から最先端の実験室まで、私たちが何気なく使う時間を作るために、実に多くの人がかかわり、様々な工夫や改良がおこなわれてきたことを、感じ取っていただけたのではないかと思う。

そして第5章では時計から少し離れて、時間という当たり前のものについて考えてみた。時間はあらゆることに関係していて、分野ごとに違った姿を見せる。中には時計で計るのとは違う時間の概念すらある。様々な時間の世界はどこまで広がっているのだろうか、その関係はどうなっているのだろうか。こういう問いかけから始まる時間学について紹介した。

本書は、時の記念日100周年を記念して2020年に国立科学博物館で開催された『時』展覧会2020」事業がベースになっている。第2章に詳しく述べられているように、1920年(大正9年)の「時の記念日」は、当時の社会に正確な時間意識をもたらし、それによって社会が発展することを目指していた。

1920年から1世紀が経過した今、私たちが時を記念した新たな事業をするなら、何をテーマにするとよいだろうか。今から1世紀後に振り返ったときに、掲げたテーマが社会に浸透して良い社会変革をもたらした、と評価されるようなテーマとは何だろうか。もちろんこの問いに決まった答えはないので、読者の皆様にご自由にお考えいただきたい。これを考えるヒントが本書の中に見つかることを期待している。

時について考えることは、未来を考えることでもある。新しい時代にふさわしい「時」を作っていくために、本書が少しでも役に立つなら幸いである。

山口大学　時間学研究所　所長　藤沢健太

著者

第1章 日本の時・時計のはじまり

佐々木勝浩・ささきかつひろ

国立科学博物館 名誉会員・名誉研究員

1971年、東京理科大学大学院理学研究科修士課程修了、修士(理学)。1978年に国立科学博物館理化学研究部研究官となり、28年にわたって同館に勤務。専門は科学技術史(時計の技術史、時刻測定の歴史)。理工学系歴史資料、特に日本の時刻測定・時計に関する歴史資料の収集・調査・研究に携わった。「和時計における不定時法自動表示機構」(国立科学博物館研究報告E類)をはじめとした時計に関する十数編の論文がある。これまで携わった図書として、監修『週刊・和時計を作る』第6〜60号(デアゴスティーニ)、翻訳・監修『世界で一番美しい「もの」のしくみ図鑑』(創元社)などがある。

井上 毅・いのうえ たけし

明石市立天文科学館 館長

1995年、名古屋大学大学院理学研究科修了。豊田市旭高原自然活用村協会 旭高原元気村きらめき館天文台を経て、1997年より明石市立天文科学館の学芸員として勤務、2017年より現職。2009年に「世界天文年2009」の日本委員会企画委員としてガリレオの望遠鏡復元を行い、2012年には全国一斉の金環日食限界線観測の発起人になるなど、天文教育普及活動に取り組んでいる。幼少より天文ファンで、学生時代は天体研究会で仲間とともに徹夜の日々を送るなど、天文どっぷりの人生を送ってきた。天文の楽しみを多くの人々に伝えたいと考えて学芸員を目指し、現在に至る。

広田雅将・ひろた まさゆき

時計専門誌『クロノス日本版』編集長

1996年、成蹊大学法学部政治学科修了。ドイツの電機メーカーなどの勤務を経て、2005年から時計ジャーナリストとして活動を開始。国内外の時計専門誌をはじめライフスタイル誌など幅広い媒体で執筆するほか、多数の時計ブランドや販売店で講師やアドバイザーを務める。2015年にドイツの時計賞「ウォッチスターズ」審査員に就任。2016年より現職。共著に『ジャパン・メイド トゥールビヨン―超高級機械式腕時計に挑んだ日本のモノづくり―』(日刊工業新聞社)など。幼少期より時計コレクターの父親の影響を受けて鑑識眼を養い、日本の時計産業の底上げを掲げて時計ジャーナリストを志した。

第4章 原子時計の発展と新たな世界の幕開け

細川瑞彦・ほそかわ みずひこ

情報通信研究機構 主席研究員

1988年、東北大学大学院理学研究科修了、博士。1990年、郵政省通信総合研究所（現、国立研究開発法人 情報通信研究機構）へ入所。以来、精密時空計測における相対論効果の研究、日本標準時の維持管理、原子時計の開発などに従事。2008年から2011年までアジア太平洋計量計画で時間周波数技術委員会委員長、2012年から2015年まで国際天文学連合 時間委員会委員長を務める。2016年、情報通信研究機構理事に就任、2021年より現職。共著に『天体の位置と運動』（日本評論社）など。研究者を目指したのは、世界や宇宙の基礎原理を知りたくて物理を専攻したことから。

第5章 天文学と時間学から俯瞰する「時」

藤沢健太・ふじさわ けんた

山口大学 時間学研究所 所長

1995年、東京大学大学院理学研究科修了、博士（理学）。専門は電波天文学。宇宙科学研究所 COE研究員、通信・放送機構国内招へい研究員、国立天文台助手を経て、2002年より山口大学理学部に在籍。2010年より時間学研究所に所属し、2016年に現職に就任。現在は通信用に使われていた大型のパラボラアンテナを電波望遠鏡に改造して、ブラックホールや星の誕生の様子を研究する傍ら、多分野の専門家たちと協力して時間学という新しい学問を形作ることに尽力している。著書に『宇宙とわたしたち』（福音館書店）など。天文学者を目指したきっかけは、中学生時に友人に感化されたこと。

主な参考文献・論文

第1章

・飛鳥資料館図録II『飛鳥の水時計』奈良国立文化財研究所飛鳥資料館、1983年
・黒板勝美編『日本書紀（下巻）』岩波文庫、1932年
・斉藤国治『日本・中国・朝鮮　古代の時刻制度』雄山閣出版、1995年
・佐々木勝浩「漏刻の原理と水位変化の数値計算」国立科学博物館研究報告E類（26巻）、2003年
・田村竹男『茨城の時計（上）』筑波書林ふるさと文庫、1990年
・朝比奈貞一『日本科学技術史』（「時計」の項）朝日新聞社、1962年
・山本玲子『花の香りと女のくらし』岩手出版、1987年
・須藤利一編『船』法政大学出版局、1968年
・川口俊郎『千石船での香時計の使用について』九州産業大学紀要、1984年
・橋本万平『日本の時刻制度』塙書房、1966年
・金子元臣・橘　宗利『改稿枕草子通解』明治書院、1955年
・内田正男『時と暦の事典』雄山閣出版、1986年
・角山栄『時計の社会史』中公新書、1984年
・佐々木勝浩他「江戸期の加賀藩で使われた13分割時法について」国立科学博物館研究報告E類（19巻）、1996年
・ルイス・フロイス著、松田毅一・川崎桃太訳『完訳フロイス日本史（2）』中公文庫、2000年
・シリング著、岡本良知訳『日本に於ける耶蘇会の学校制度』東洋堂、1943年
・松田毅一監訳「1601、02年の日本の諸事」『十六・七世紀イエズス会日本報告集』（第1期第4巻）同朋舎、1988年
・佐々木勝浩他「久能山東照宮に保存されている1581年ハンス・デ・エバロ銘置時計の機構と由来」国立科学博物館研究報告E類（39巻）、2016年
・ノエル・ペリン著、川勝平太訳『鉄砲を捨てた日本人』中公文庫、1991年
・山口隆二『日本の時計』日本評論社、1942年
・佐々木勝浩他「平山武蔵作天文表示一挺天符櫓時計」国立科学博物館研究報告E類（38巻）、2015年
・佐々木勝浩他「和時計における不定時法自動表示機構」国立科学博物館研究報告E類（28巻）、2005年

・平野光雄『明治・東京時計塔記』明啓社、1968年
・ファーブル・ブラント商会編纂『時計心得草』1877年

第2章

・国立科学博物館編『国立科学博物館百年史』国立科学博物館、1977年
・「東京大学東京天文台の百年」編集委員会編『東京天文台の百年 1878―1978』東京大学出版会、1978年
・明石市立天文科学館編『明石市立天文科学館の50年』明石市立天文科学館、2010年
・西本郁子『時間意識の近代――「時は金なり」の社会史』法政大学出版局、2006年
・橋本毅彦、栗山茂久編著『遅刻の誕生――近代日本における時間意識の形成――』三元社、2001年
・宮崎 惇『棚橋源太郎――博物館にかけた生涯――』岐阜県博物館友の会、1992年
・ゲルハルト・ドールン―ファン・ロッスム『時間の歴史――近代の時間秩序の誕生――』大月書店、1999年
・曽田英夫『発掘！ 明治初頭の列車時刻 鉄道黎明期の「時刻表」空白の20余年』交通新聞社、2016年
・太平洋戦争研究会編『図説 関東大震災（ふくろうの本）』、2003年
・角山 栄『時計の社会史』中公新書、1984年
・山口隆二『時計』岩波新書、1956年
・浅井 忠『時計年表』自費出版、1974年
・浅井 忠『正午号砲ドン』自費出版、1979年
・教材集録『最新変動教材集録第九巻第十号臨時号誌上時展覧会』南光社、1920年
・公益社団法人 日本天文学会『天文月報（第13巻）』、1920年
・東京教育博物館『時展覧会目録』、1920年
・東京教育博物館『東京教育博物館一覧』、1920年
・国立国会図書館デジタル「震災予防調査会報告」第100号甲、1925年
・井上 毅、佐々木勝浩「1920年に東京教育博物館で開催された「時」展覧会の出品物の調査」国立科学博物館研究報告、2015年
・関口直甫「時の記念日の起源と大正年代の報時事業について」『科学史研究 第58号』岩波書店、1961年
・佐々木勝浩「時展覧会と時の記念日」『世界の腕時計』ワールドフォトプレス、1996年
・「時報の元祖「報時器」」『電気通信共同研究報告書』郵政博物館、2005年
・Mike Galbraith「日本の電信の幕開け――江戸末期から明治にかけて、日本は世界の国々とどのようにして結ばれていったのか」『ITUジャーナル（46巻）』日本ITU協会、2016年
・金森 修編『明治・大正期の科学思想史』勁草書房、2017年
・中山 茂『日本の天文学 占い・暦・宇宙観』朝日文庫、

2000年
・青木信仰『時と暦』東京大学出版会、1982年

第3章

・『クロノス日本版』シムサム・メディア
・『国際時計通信』国際時計通信社
・流郷貞夫『精工舎 懐中時計図鑑』溪水社（けいすい汎書）、2009年
・石原時計店『石原時計店物語』海風社、2013年
・平野光雄『精工舎史話』精工舎、1968年
・山口隆二『日本の時計』日本評論社、1942年
・山口隆二『時計』岩波新書、1956年
・井上三郎『技術の源流――セイコー電子工業戦後技術史――』セイコー電子工業株式会社、1991年
・チャルマーズ・ジョンソン著、佐々田博教訳『通産省と日本の奇跡 産業政策の発展 1925－1975』勁草書房、2018年
・浅岡 肇編著、大坪正人・大沢二朗・広田雅将著『ジャパン・メイドトゥールビヨン』日刊工業新聞社、2015年
・伊藤岩廣『セイコーエプソン物語』郷土出版社、2005年
・竹嶋 賢『ドロ沼の時計戦争』エール出版社、1979年
・大野 玲『セイコー・グループ：極限の技術に挑戦する』朝日ソノラマ、1980年
・西本郁子『時間意識の近代――「時は金なり」の社会史』法政大学出版局、2006年
・内田星美『時計工業の発達』服部セイコー、1985年
・角山 栄『時計の社会史』中公新書、1984年
・武知京三『わが国掛け時計製造の展開と形態』国際連合大学、1980年
・経済企画庁『昭和31年 年次経済報告』経済企画庁、1956年
・藤井勇二『明治 大正 昭和 業界三世代史』時計美術宝飾新聞社、1966年
・吉田浅一『名古屋時計業界沿革史』商工界、1953年
・橋本毅彦、栗山茂久編著『遅刻の誕生――近代日本における時間意識の形成――』三元社、2001年
・Laurence Marti『A Region in Time A socio-economic history of the Swiss valley of St. Imier and the surrounding area, 1700-2007』Editions des Longines、2007年
・長尾義夫著、本田義彦補『国産腕時計 セイコークラウン クロノス マーベル増補版』トンボ出版、2014年
・『奢侈品関税と其の影響』大阪商業会議所書記局、1924年
・my K. Glasmeier『Manufacturing Time: Global Competition in the Watch Industry, 1795-2000』Guilford Press、2000年
・黒岩郁雄編『国家の制度能力と産業政策』日本貿易振興機構アジア経済研究所、2004年
・『腕時計の歴史を変えた世界初のクオーツウオッチ』、セイコーエプソン、2004年
・沢井 実『機械工業』日本経営史研究所、2016年

・『日本の工作機械輸入の歴史―日本工作機械輸入協会・創立65周年に向けて―』日本工作機械輸入協会、2019年
・ピエール＝イヴ・ドンゼ著、長沢伸也監修・訳『「機械式時計」という名のラグジュアリー戦略』世界文化社、2014年
・Lucien F. Trueb, Gunther Ramm, Peter Wenzig『Electrifying the Wristwatch』Schiffer Publishing、2013年
・『技術の源流』―セイコー電子工業戦後技術史―
・清水良平「農業労働力の地域分布動向について」『農業綜合研究』農林水産省、1967年
・山澤逸平「日本の工業化と保護貿易政策」『経済研究(Vol.24.No.1)』岩波書店、1972年
・ピエール＝イヴ・ドンゼ「戦前期日本時計産業におけるイノベーション―服部時計店の特許戦略を中心に―」『経済論議（第185巻3号）』京都大学経済学会、2011年
・ピエール＝イヴ・ドンゼ「スイス時計産業の展開1920―1970年―産業集積と技術移転防止カルテル―」経営史学会、2010年
・内藤和夫「時計産業における自動組立機の経済性」『精密機械（48巻4号）』丸善、1982年
・内藤一男、近藤照光、松木俊二「SYSTEM―Aコンピュータコントロールによる腕時計組立ライン」『精密機械（42巻501号）』丸善、1976年
・『応用機械工学』、「日本の工作機械を築いた人々」大河出版、1993年
・松島 茂「「機械工業振興臨時措置法」の成立のプロセスと制度能力」『国家の制度能力と産業政策』日本貿易振興機構アジア経済研究所、2004年
・奥 和義「明治後期の日本の関税政策―明治32年、明治44年の関税改正をめぐって」『山口経済学雑誌（39巻3・4号）』、山口大學經濟學會、1990年
・木村登志男「セイコーエプソン・事業多角化の起源」法政大学イノベーション・マネジメント研究センター、2009年
・沢井 実「1930年代の日本工作機械工業」『土地制度史学（25巻1号）』政治経済学・経済史学会、1982年
・久保田浩司「時計工業技術開発小史―第二次大戦後におけるウオッチの進歩発展―」『マイクロメカトロニクス（50巻194号）』日本時計学会、2006年
・『山﨑亀吉伝』シチズン史料室、2019年

第4章

・吉村和幸、古賀保喜、大浦宣徳『周波数と時間―原子時計の基礎／原子時のしくみ―』電子情報通信学会、1989年
・郵政省通信総合研究所標準測定部『標準電波50年の歩み』郵政省通信総合研究所標準測定部、1991年
・霜田光一「光・量子エレクトロニクスの歴史と将来展望」『応用物理（第69巻8号）』応用物理学会、2000年

・花土ゆう子「信頼性と正確さを向上させた日本標準時システム」『応用物理（第76巻6号）』応用物理学会、2007年
・香取秀俊「光格子時計の発明と展開」『応用物理（第81巻8号）』応用物理学会、2012年
・「電波研究所季報／周波数・時間標準特集（第29巻第149号）」情報通信研究機構、1983年
・「通信総合研究所季報／時系と周波数標準特集（第45巻第1／2号）」情報通信研究機構、1999年
・「通信総合研究所季報／時間・周波数標準特集（第49巻第1／2号）」情報通信研究機構、2003年
・「情報通信研究機構／時空標準特集（第56巻・第3／4号）」情報通信研究機構、2010年
・「情報通信研究機構研究報告／時空標準技術特集（第65巻第2号）」情報通信研究機構、2019年

第5章

・オリヴァー・サックス著、高見幸郎・金沢泰子訳『妻を帽子とまちがえた男』早川書房、2009年

・嶋 陸奥彦『韓国 道すがら 人類学フィールドノート30年』草風館、2006年
・中川 毅『人類と気候の10万年史』講談社（ブルーバックス）、2017年
・三戸祐子『定刻発車』交通新聞社、2001年
・一川 誠『「時間の使い方」を科学する』PHP新書、2016年
・明石 真『体内時計のふしぎ』光文社新書、2013年
・宇沢弘文『社会的共通資本』岩波新書、2000年
・真木悠介『時間の比較社会学』岩波現代文庫、2003年
・ミヒャエル・エンデ著、大島かおり訳『モモ』岩波書店、1976年
・マイケル・トマセロ著、中尾 央訳『道徳の自然誌』勁草書房、2020年
・真木悠介『時間の比較社会学』岩波現代文庫、2003年
・ミヒャエル・エンデ（大島かおり訳）『モモ』岩波書店、1967年
・マイケル・トマセロ（中尾央訳）『道徳の自然誌』勁草書房、2020年

謝辞

本書の発行にあたり、ここでお名前をご紹介する皆様のみならず、多くの方よりお力添えを賜りました。謹んでお礼を申し上げます。（企画・編集、高井智世）

ご協力いただいた皆様

セイコーホールディングス株式会社
シチズン時計株式会社
カシオ計算機株式会社
ＮＨ ＷＡＴＣＨ株式会社
協和精工株式会社
リズム株式会社
菊野昌宏様
山本 尚様（一般社団法人 日本時計協会）
岸良一様（一般社団法人 日本時計協会）
馬場宏行様（一般社団法人 日本時計協会）
石原 実様（石原時計店）
洞口俊博様（独立行政法人 国立科学博物館）
松崎壮一郎様（株式会社シムサム・メディア）

時間の日本史　**日本人はいかに「時」を創ってきたのか**

2021年8月4日　初版第1刷発行

著者　佐々木勝浩
　　　井上 毅
　　　広田雅将
　　　細川瑞彦
　　　藤沢健太

デザイン　中野豪雄
　　　　　西垣由紀子
　　　　　林 宏香
　　　　　(中野デザイン事務所)

編集　高井智世
　　　安村 徹

発行人　嶋野智紀
発行所　株式会社小学館
〒101-8001 東京都千代田区一ツ橋2-3-1

電話　編集 03-3230-5555
　　　販売 03-5281-3555

印刷　共同印刷株式会社
製本　牧製本印刷株式会社

© Katsuhiro Sasaki, Takeshi Inoue, Masayuki Hirota, Mizuhiko Hosokawa,
Kenta Fujisawa 2021
Printed in Japan
ISBN 978-4-09-388818-9

造本には十分注意しておりますが、印刷、製本など
製造上の不備がございましたら「制作局コールセンター」
（フリーダイヤル 0120-336-340）にご連絡ください。
電話受付は、土・日・祝休日を除く9：30～17：30です。

本書の無断での複写（コピー）、上演、放送等の二次利用、翻案等は、
著作権法上の例外を除き禁じられています。
本書の電子データ化などの無断複製は
著作権法上の例外を除き禁じられています。
代行業者等の第三者による本書の電子的複製も
認められておりません。